湘中紫云山岩体包金山金矿带成矿规律与找矿预测研究

徐军伟　赖健清　石　坚　◎ 著
徐质彬　张利军

中南大学出版社
www.csupress.com.cn

·长 沙·

前言
Foreword

　　本书的选题来源于湖南省地质院与湖南省有色地质勘查局科研项目(编号为 201914、201402)，主要内容包括紫云山岩体周边包金山地区地质背景，成岩成矿作用、典型矿床成矿作用与找矿、成矿流体作用与矿床成因、成矿规律与成矿预测研究，重点开展了岩浆地球化学、矿床地球化学、岩石原生晕与土壤次生晕地球化学、矿物流体包裹体测温、矿床成因解析、成矿规律总结和找矿预测研究。通过对成矿流体的性质及演化过程的研究、矿床成因分析、系统的地球化学工作，并结合区域和矿区的地质特征、成矿条件，全面总结了区域成矿规律，确定找矿标志。本次研究工作主要从以下几个方面展开：(1)资料收集和二次开发；(2)野外地质调查及采样；(3)原生晕地球化学研究；(4)典型矿床地质特征研究；(5)矿床地球化学及成因研究。以此为基础，开展区域找矿潜力评价和包金山矿区深边部找矿预测，圈定了矿区外围 3 个找矿靶区及深部找矿的方向，为包金山金矿带生产、勘查提供理论指导。

　　本书可作为地质、采矿、选矿研究人员参考用书。本书得到湖南省有色地质勘查局科研专项资金的资助。野外工作得到了湖南有色二总队及湖南双峰包金山金矿有限公司的大力支持；室内工作得到中南大学有色金属成矿预测与地质环境监测教育部重点实验室和湖南有色地研院的大力支持；资料整理及图件制作得到项目组全体成员的支持；本书的出版得到中南大学出版社的支持，在此一并表示诚挚的谢意。

徐军伟

2021 年 1 月

目录

Contents

第1章

绪 论

1.1 研究现状及存在问题

1.1.1 湘中地区金多金属矿研究概况

湖南金矿床90%以上分布于湘西雪峰山地区和白马山—紫云山—醴陵一带的前寒武纪的老地层中，其中，中元古界的冷家溪群、新元古界板溪群和震旦系江口组，是湖南省金矿主要的赋矿层位，层控特征明显。湘西雪峰山地区的金矿研究较多、较成熟，白马山—紫云山—醴陵一带的金矿研究则较少。在湘中地区，晚古生界碳酸盐岩地层十分发育，老地层仅分布于湘中盆地边缘，以及盆地中间的次级隆起区。这些次级隆起多呈穹隆状分布于盆地区内，如白马山、大乘山、龙山、猪婆大山、紫云山穹隆、板杉铺穹隆呈EW向排列，均出露有前寒武纪地层，构成一EW向展布的白马山—紫云山穹隆状隆起区，该隆起带将湘中盆地一分为二，北面为涟源盆地，南面为邵阳盆地。

在湘中盆地的白马山—紫云山—醴陵一线，金矿的成矿地质条件良好(康如华，2002；鲍振襄，1994)，金矿床(点)分布相当广泛(图1-1、图1-2)。目前该带已发现的重要金矿床包括古台山Au-Sb矿、高家坳Au矿、龙山Au-Sb矿、金坑冲Au矿、正冲Au矿、包金山Au-Sb-W矿和大新Au矿。从赋矿层位来看，除高家坳产于泥盆系碎屑岩中外，该区金矿主要分布于前寒武纪浅变质岩中，如龙山Au-Sb矿、古台山Au-Sb矿和大新Au矿均产于下震旦统江口组地层中，金坑冲和包金山一带金矿主要产于新元古界板溪群马底驿组中，正冲金矿产于中元古界冷家溪群。湘中地区赋存于前寒武纪浅变质岩中的金矿主要有两类：石英脉型(以古台山金锑矿为代表)和破碎蚀变岩型(以龙山金锑矿为代表)。破碎蚀变岩型金矿不但在湘中分布最为广泛，而且也是该区最有经济价值和找矿潜力的金矿类型。在白马山—紫云山—醴陵金矿带的中段紫云山地区研究程度较低，而最近找矿勘探实践表明，其成矿潜力巨大。

1.1.2 研究区金多金属矿研究概况

本次以包金山、金坑冲(铃山)Au矿为中心，自胡家仑—秋旺冲圈定了EW向金矿带，该矿带处于EW向白马山—紫云山隆起东段，属Au-Sb多金属成矿带。紫云山隆起是核部由印支—燕山期复式岩体和新元古界浅变质岩组成的变质核杂岩体,向外依次为古生代—新生代地层组成的穹隆。在该区,除志留系和下泥盆统外,从新元古界到第三系均有出露。赋矿地层主要为新元古界板溪群,该套地层由浅变质砂岩、钙质板岩等组成。该区岩浆活动强烈,印支期大规模岩浆侵入活动形成紫云山、歇马两个斜长花岗岩和黑云母花岗岩组成的岩基,确定了紫云山穹隆的基本轮廓(图1-1)。燕山期岩浆活动频繁,早期沿印支期岩基中心部位侵入,呈岩株状产出,岩性为黑云母花岗岩和二云母花岗岩;晚期呈岩脉产出,主要分布于复式岩体内及其附近接触带中,岩脉以 NE 向为主,近 EW 向或近 SW 向次之,岩性有花岗细晶岩、花岗伟晶岩、花岗(闪长)斑岩等。

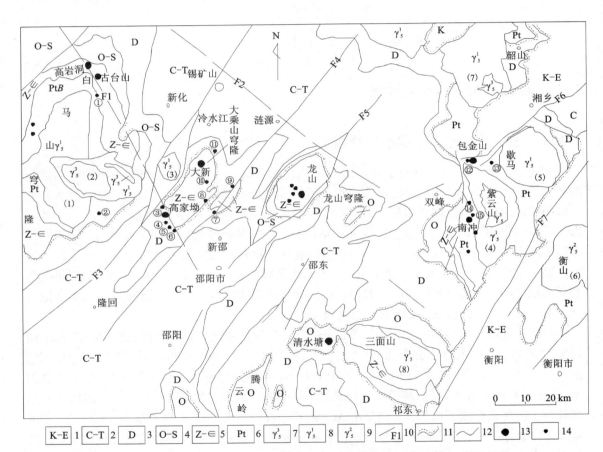

图1-1　白马山—龙山—紫云山一带地质略图(据龚贵伦,陈广浩 等,图件改编)

岩体:(1)白马山岩体;(2)望云山岩体;(3)天龙山岩体;(4)紫云山岩体;(5)歇马岩体;(6)衡山岩体;(7)沩山岩体;(8)三面山岩体;

基底断裂:F1—邵阳—郴州断裂,F2—锡矿山—涟源断裂,F3—桃江—城步断裂,F4—涟源—黄亭断裂,F5—宁乡—新宁断裂,F6—双峰—湘乡断裂,F7—祁阳—株洲断裂;

Au(Sb)矿点:①青芹寨,②白竹坪,③红庙,④掉水洞,⑤白云铺,⑥三郎庙,⑦分水坳,⑧新田铺林场,⑨坪上,⑩长扶,⑪禾青,⑫雷家冲,⑬高冲,⑭尚敬堂,⑮青家湾;

图例:1—白垩—古近系;2—石炭—三叠系;3—泥盆系;4—奥陶—志留系;5—震旦—寒武系;6—元古界地层;7—燕山晚期花岗岩;8—印支期花岗岩;9—加里东期花岗岩;10—基底断裂;11—不整合界线;12—地质界线;13—金矿床;14—金(锑)矿点

包金山金矿带中的金矿主要为破碎蚀变岩型。矿体主要展布于紫云山岩体的北接触带（图1-2），矿体走向近 EW 向，总体北倾，在剖面上，矿体近顺层产出，矿体由含矿破碎带和含金石英脉组成，含矿破碎带由破碎板岩和糜棱岩组成，含金石英脉斜列于破碎蚀变带中。该区矿石类型可分为含金石英脉型、含金破碎蚀变岩型和含金破碎蚀变岩-石英脉型（戚学

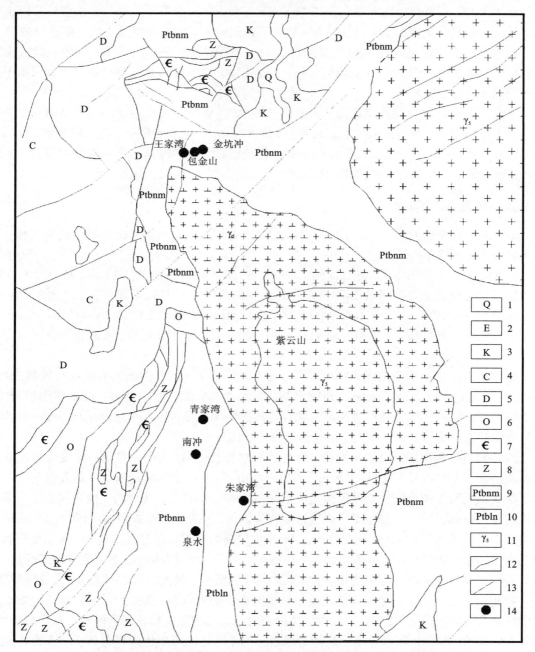

图1-2 白马山—紫云山—醴陵金矿带地质简图（周兴良 等，2008）

1—第四系；2—第三系；3—白垩系；4—石炭系；5—泥盆系；6—奥陶系；7—寒武系；8—震旦系；9—板溪群马底驿组；10—冷家溪群；11—印支期花岗岩；12—地质界线；13—断层；14—矿点

祥,1998)。最近,在该成矿带的包金山金矿区,发现数条锑矿脉和白钨矿型矿石,且其品位较高,均具有工业开采价值。

对于成矿矿质来源,在以往的研究中,人们曾意识到该区包金山金矿与湘西雪峰山一带金矿床的区别,认为前者是岩浆期后热液改造型金矿床,而后者为变质热液型金矿,与岩浆作用无关(罗献林,1991)。专项科研工作研究程度较低,目前尚无人对包金山金矿带的金矿床进行过专题科研工作,仅在少量湖南区域成矿作用的文献中有所提及。如罗献林(1991)在论述湖南金矿的成矿地质特征和成因类型时,认为产于湘中凹陷的白马山—龙山—紫云山东西向穹隆状隆起区的金矿床,与湘西前寒武纪浅变质岩中的变质热液型金矿床不同,属于岩浆期后热液改造型金矿床。

李恒新(1995)在论述湖南花岗岩与金成矿关系时,提出紫云山—龙山—白马山一带的花岗岩为 I 型花岗岩,与该区金成矿关系密切,金坑冲金矿、龙山金锑矿、高家坳金矿、金山里金矿、白云铺铅锌金矿均受花岗岩体的控制。但他也认为,该区花岗岩本身金含量低,不能提供成矿金属,主要是为成矿提供"热驱动力",属它源花岗岩成矿作用。

1.1.3 以往工作情况

前人从不同角度对白马山—龙山—紫云山金矿带以及包金山金矿带开展了研究工作,观点各异,择其主要介绍如下:

1)2003 年,南京大学马东升在《湘中锑(金)矿床成矿物质来源》中从 C、H、O、S、Pb、Sr 等同位素地球化学方面探讨了湘中 Sb-Au 矿床的成矿物质与成矿流体来源。他提出:湘中盆地中 Sb 矿床的 C、S 等矿化剂主要来源于基底地层;而盆地边缘 Sb(Au)矿床的 C、S 等矿化剂来源于深部岩浆作用;Au、Sb 等成矿物质都来源于基底碎屑岩;成矿流体主要为大气降水。

2)1998 年,中南冶金地质研究所戚学祥在《湖南双峰紫云山隆起区金矿成矿机制探讨》中提出:紫云山隆起区金矿受剥离断层控制;矿质主要来源于岩浆热液;成矿作用过程中,剥离断层带深部和浅部分别形成深部含矿岩浆热液循环系统和地下水热液循环系统,两热液系统在空间上的交汇处矿质沉淀、富集形成金矿化体。

3)1994 年,湖南地质勘查局湘西 245 队鲍振襄在《湘中白马山—龙山—醴陵锑金矿带矿床地质特征、成矿作用及成因》中提出:湘中白马山—龙山—醴陵锑金矿带,以及白马山—龙山穹隆状花岗岩体和前泥盆系穹隆构造呈东西向"一"字形排布;区内产于前寒武系浅变质岩系中的 Sb-Au 矿床,主要分布于穹隆构造或花岗岩体(包括隐伏岩体)的周边和上方;成矿严格受剪切断裂带控制;成矿作用是在 Sb、Au 丰度较高的矿源层基础上进行的;区域变质和动力变质作用使矿源层中的矿质发生活化、迁移,并在扩容减压带聚集成矿;岩浆侵入的热-动力变质作用促使成矿物质再次活化、富集成矿或叠加成矿;属火山沉积-(热)变质热液矿床。

4)2014 年 2 月,中国地质调查局南京地质调查中心刘凯在《湖南紫云山岩体的地质地球化学特征及其成因意义》提出:紫云山岩体由花岗闪长岩和黑云母花岗岩两种岩石类型组成,前者为岩体的主体,呈环状分布于岩体的周边,发育同时代的暗色微粒包体;后者为补充侵入体,位于岩体的中央部位,两者呈明显的侵入接触关系,高精度 LA-ICP-MS 锆石 U-Pb 年龄分别为(222.5±1)Ma 和(222.3±1.8)Ma,都为印支晚期的产物。两种岩石类型的 SiO_2 含量存在明显间断,A/CNK(即 $n(Al_2O_3)/[n(CaO)+n(Na_2O)+n(K_2O)]$)变化范围分别为

0.99～1.05和1.08～1.15,花岗闪长岩为准铝质-弱过铝质Ⅰ型花岗岩,黑云母花岗岩为弱过铝-强过铝质S型花岗岩。两类岩石都具有高的Rb、Cs含量(质量分数,下同)和$w(Rb)/w(Sr)$,低的Sr、Ba、Eu含量,强-中等负铕异常,以及高的$(w(^{87}Sr)/w(^{86}Sr))_i$和低的$\varepsilon_{Nd}(t)$值,显示了前寒武纪变质基底起源的花岗岩的地球化学特征。两种岩石类型形成的温压条件和成岩深度有明显差别,暗示两者的源区不同。紫云山岩体中两类岩石都是在印支陆块与华南陆块碰撞挤压-松弛构造环境下形成,在岩浆底侵作用下形成了少量有幔源组分加入的花岗闪长岩,其后上地壳泥砂质沉积物部分熔融形成了黑云母花岗岩。华南印支期主要花岗岩体的空间分布和高精度年龄数据显示,在华南内陆带和武夷—云开山脉带,由南而北,岩体形成时代逐渐变新,是印支陆块与华南陆块碰撞拼合所引起的挤压应力由南向北传递的结果。

5)2002年,湖南省地调院湘中所在《湖南高家坳金矿床成矿地质条件及找矿方向》一文中提出:高家坳微细粒浸染型(卡林型)金矿床位于湖南白马山—龙山EW向构造带中段。区域上元古界板溪群和震旦系地层是矿床的主要矿源层,泥盆系半山组浊流沉积的以泥质粉砂岩为主的岩性有利于金的吸附富集,基底断裂是矿床主要导矿断裂,NW向基底隆起顶部有利于矿液集中,次级NW、NE、EW向断裂破碎带为金矿成矿提供了良好的就位空间。

6)2008年,湖南新龙矿业有限责任公司刘鹏程在《湖南龙山矿区金锑矿地质特征、富集规律与找矿方向》一文中提出:龙山金锑矿床赋存于湘中白马山—龙山EW向成矿带的龙山穹隆之震旦系江口组浅变质岩系中。江口组第一、二岩性段是成矿的有利母岩。矿体呈陡倾斜交错脉状产出,严格受断裂构造控制,侧伏规律明显,延深大于延长。NWW向断裂是最有利的导矿构造,成矿与深部隐伏花岗岩体关系密切,成矿作用主要与加里东期区域变质作用及隐伏岩体上侵作用所产生的(热)变质热液有关,为破碎带蚀变岩型金锑矿床。

7)2004年,武警黄金技术学校李己华在《湘中白马山—龙山金矿带穹隆控矿规律分析》指出:白马山—龙山金矿带自西向东可划分为古台山、大乘山、龙山3个穹隆,它们形态相近,形成条件相似,具有相似的成矿地质条件。构造是白马山—龙山金矿带最重要、最直接的控矿因素。穹隆为本区的主要控矿构造,其核部的放射状断裂为容矿构造。穹隆的剥蚀程度可以指示矿体的埋藏深度:古台山穹隆核部白马山花岗岩体的出露、穹隆周边泥盆系的缺失,以及震旦系和更早的板溪群五强溪组的出露,说明该穹隆遭受了强烈的风化剥蚀;大乘山穹隆周边地层出露完全,隐伏岩体埋藏深,可以认为没有遭受太大的剥蚀;龙山穹隆核部几乎都由震旦系组成,寒武系分布于穹隆的周围,泥盆系仅在穹隆周边零星出露,推测其剥蚀程度比大乘山穹隆要大。从总体上看,大乘山穹隆剥蚀较弱,应是有利的找矿部位。在本区进行金-锑矿床勘查与找矿预测时,应从穹隆整体出发,对穹隆不同方向的断裂均给予同样重视,找矿应会有所突破。

8)1993年,桂林矿产地质研究院谭运金在《龙山金矿床控矿断裂近矿热液蚀变特征》中指出:龙山金矿床赋存在龙山短轴背斜的核部,赋矿地层为震旦系江口组上段的浅变质岩,岩性主要是少砾粉砂质板岩,含砾砂质板岩夹透镜状变质长石石英砂岩,绢云母板岩及火山角砾岩、凝灰岩。龙山矿床内发育的主要热液蚀变作用是:硅化、绢云母化、碳酸盐化、黄铁矿化、毒砂化等。与金矿化关系密切的蚀变是伴有黄铁矿化、毒砂化的硅化。NWW向断裂是龙山矿床最重要的控矿断裂,表现出多次活动特征。

9)2006年,中国科学院广州地球化学研究所龚贵伦在《湖南大新金矿床构造控矿特征及矿床成因》中指出：湖南大新金矿床位于湘中白马山—龙山 EW 向成矿带中部的大乘山穹隆北东端。受区域基底断裂的分割与挟持，及其下伏岩浆活动的上侵作用，穹隆核部震旦系江口组地层发生脆性断裂，从而为成矿提供了导矿和容矿构造，矿区矿脉严格受 NE、NW、近 SN 向三组断裂控制。矿床为破碎蚀变岩夹石英脉型金矿床，含矿热液沿断裂破碎带充填交代而成矿。

10）2000 年，湖南省地质矿产勘查开发局 418 队戴长华在《古台山—高家坳金矿带北西向构造控矿特征及找矿意义》中指出：古台山—高家坳金矿带位于湘中龙山—白马山 EW 向隆起西部，长约 60 km，宽约 8 km，呈 330° 方向展布。板溪群、震旦系江口组，泥盆系半山组、跳马涧组为主要赋金地层。构造以北东向褶皱（望云山隆起，大乘山穹隆）为主、存在一组由北西向基底断裂（郴州–邵阳断裂）右行平移派生的表层脆性断裂，有古台山 W、As、Cu、Au、Sb 矿化集中区及高家坳—白云铺 Sb、Zn、Au、Hg、Sb 矿化集中区。自北西往南东分布有新化县古台山、青京寨、新邵县高家坳、白云铺等大中型 Au 矿床及一批具找矿前景的 Au 矿（化）点和异常带，是湘中最重要的 Au 矿成矿带。

1.2　研究内容和方法

综合以往研究基础以及研究所存在的问题，本次工作主要的研究内容、方法有以下几点。

（1）资料收集和二次开发

研究区虽然综合研究程度相对较低，但前人也积累了大量地质资料和成果。为实现最佳目的，必须充分利用、分析研究已有的资料成果，进行科学合理地二次开发。收集区调资料，研究清理区域内地层系统、构造格架、岩浆岩的分布、特征、时代、化学成分及生成环境与成矿的关系，研究区域地史演化，探讨其与成矿的关系。自 20 世纪 60 年代以来，湖南省内外地勘单位对紫云山周边地区，湘中地区做了大量的地质勘查工作，国内外科研院校也对这些区域做了一些地质科研工作，他们留下来的研究成果零零星星涉及这些地区金矿成矿规律。湖南省有色地勘局二总队（以下简称二总队）自 20 世纪 90 年代末以来陆陆续续地在包金山矿区实施采矿生产，积累了大量宝贵的矿床一线资料。

从各种研究资料中提取相关成分、有益成分用于包金山金矿带成矿规律的研究，笔者团队对有些资料进行了重新整理，如二总队提供的 827 个土壤次生晕样品。借助已有的各种地质资料，结合野外实地调查、室内分析测试、综合研究，理清成矿大地构造背景，建立矿床综合找矿模型；利用找矿模型，进行矿化综合信息的过滤提取，进行成矿预测评价。

（2）原生晕地球化学研究

对原生晕样品光谱分析 225 件，其中地表路线剖面 97 件，钻孔 52 件，坑道 65 件。有些样品做了稀土元素分析、光薄片研究、包裹体研究等内容后，也做了光谱分析以进行比较，共 11 件，测试了 Cu、Pb、Zn、Mn、Ag、Sn、Mo、W、As、Sb、Hg、Tl、Au 共 13 元素。地表剖面、勘探线剖面、坑道剖面三者结合，本专著重点研究包金山金矿床及其周边地区的元素迁移富集规律，尤其是包金山金矿床成因。

通过统计不同岩性单元的平均值、最大值、最小值、标准差、变异系数，判断不同岩性 Au 元素和其他元素分布差异、迁移方向、富集规律。计算异常下限和背景值，作出地质–地球化学综合剖面，研究异常的分布位置、异常强度、元素组合，研究 Au 元素和其他元素的迁移富集规律。相关矩阵、旋转矩阵、因子分析统计学工具的利用，分析 Au 元素和其他元素的相关性强弱，分析含 Au 流体的元素组成、温度高低、来源背景、演化过程，对 Au 元素流体演化成矿过程有一个全面的把握。

综合原生晕地球化学各方面的成果和其他地质信息，提出包金山矿床成因三点论，即变质岩提供主要物源、岩浆活动提供主要热源、深断裂提供运移通道，建立矿床模型，并以此为基础进行成矿预测。

（3）典型矿床地质特征研究

对包金山矿区及其外围矿点（主要是梓门矿点和金坑冲矿点）已有的坑道、钻孔岩心进行详细的地质观测，并拍摄照片，采集样品；重点分析小构造（断裂构造）的控矿规律，查明其活动序次、力学性质、充填特征及与地层、岩体和其他构造的关系；研究矿体（矿脉）延伸规律和侧伏规律，包括矿体形态、产状、厚度在走向、倾向和延伸方向上的变化规律，脉体和矿体的端部变化及再现规律，控矿构造对于矿体特征的影响等；研究成矿富集规律，主要研究金品位的变化趋势和控制因素，包括矿化类型（破碎蚀变岩型、石英脉型）、脉体形态变化（收缩膨胀部位、分叉合并部位）、脉体产状变化（变陡、变缓或拐弯部位）、脉体与围岩之间、蚀变强度等对矿石品位的影响。

（4）矿床地球化学及成因研究

典型矿床剖析，其方法主要是对矿床已取得的资料、成果结合实地野外调查和各种分析测试结果的分析研究。具体方法是：利用光片、薄片对蚀变岩型、石英脉型矿石进行研究，系统研究矿石组分及结构构造，划分成矿期、成矿阶段，制作矿物生成顺序表；利用矿床矿石矿物的流体、包裹体测试研究。查证矿床矿石矿物流体、包裹体的类型、系统、均一温度、盐度等，确定矿床的成矿温度、压力、深度等成矿地质环境；利用矿石矿物的氧同位素、氢同位素等测试研究，确定成矿流体的类型及成矿构造环境；利用矿石硫化物 Pb 同位素测试研究，探讨矿石矿物的生成次序及矿化特征；利用稀土元素组合分析测试，研究成矿物质的来源及其环境等；对主要载金矿物开展标型矿物特征研究，通过光薄片的显微镜观察，确定矿石的矿物组成、粒度及嵌布特征。通过对光薄片的电子探针成分分析和单矿物分析，确定金的独立矿物和载体矿物的化学成分，分析金矿赋存状态。以包金山金矿为典型矿床剖析的对象，充分利用已有资料及成果结合针对性的地质岩石剖面事实，对矿床地球化学（包括矿石、蚀变岩和围岩元素共生组合特征等）进行系统全面的分析。

第2章

成矿地质背景

2.1 大地构造背景

研究区位于湘中成矿区的 NE 部,大地构造位置属华夏板块与扬子板块的接合部位,区域构造复杂,岩浆活动频繁,见图 2-1。

按照陈国达的地洼学说,本区位于江南地洼区与东南地洼区的重叠部位。区内基底地层冷家溪群与板溪群代表地槽构造层。雪峰运动(晋宁运动)之后,北部地区进入地槽褶皱带期,晚震旦纪结束地槽期,进入地台阶段。但本区由于南部的东南地洼区向北扩展,地槽阶段一直延续到加里东运动,直到泥盆纪初期才进入地台阶段。晚三叠世印支运动使本区接入地洼演化阶段,强烈的构造岩浆活化引起广泛的内生成矿作用。

2.2 区域地层

区内出露地层主要为新元古界板溪群,厚度在 3000 m 以上,其主要分布在紫云山岩体的隆起带核部,在隆起带的翼部有震旦系、寒武系、奥陶系、泥盆系、石炭系、第三系、第四系等地层分布,呈不整合覆于板溪群之上。出露地层由老到新主要为:

板溪群(Ptbn)分布于紫云山隆起(复式岩体)的核部,岩性组合复杂,划分为马底驿组和五强溪组。五强溪组(Ptbnw)为一套沉积韵律发育、条带清晰、复理石特征明显的碎屑岩,岩性为紫红色条带状板岩,砂质板岩及灰绿色-灰白色条带状板岩,夹钙质板岩和灰岩结核。马底驿组可分为三段,第一段变质砂岩段(Ptbnm^1),厚度大于 500 m,主要为灰绿色变质长石石英砂岩、砂质板岩、板岩组成。第二段含钙质板岩段(Ptbnm^2)厚度 1300.85 m,为灰紫、灰绿色厚层状含钙绢云母板岩、夹薄层灰岩、白云质灰岩。本段为湘中地区破碎蚀变岩型金矿床重要的赋矿层位。第三段含碳质板岩段(Ptbnm^3)厚度 530 m,为深灰、灰黑色含碳质板岩、绢云母板岩、粉砂质板岩等。

震旦系下统江口组(Zaj)岩性为灰绿色黄绿色含砾板岩,砾石以板岩为主,砾径 10 mm 左右,多为扁平状,分选良好,并沿岩层面分布,变质后有拉长现象,厚 199 m。

寒武系(∈)以薄至中厚层条带状灰岩,灰紫、灰黄色泥灰岩,深灰色中-厚层状泥质条带状灰岩夹白云质灰岩为主,厚约 550 m。

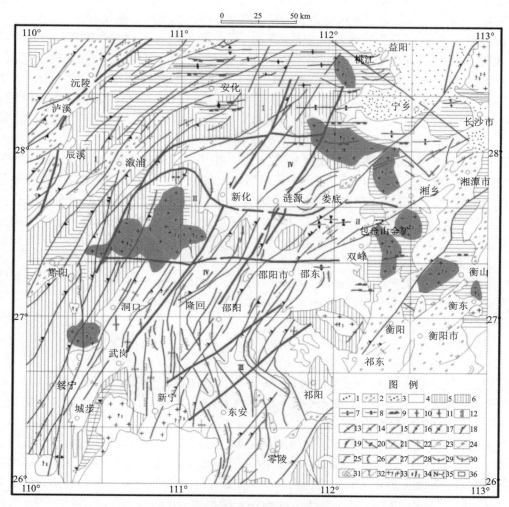

图 2-1 湘中地区构造体系略图(湖南有色地勘局二总队, 2014)

1—第四系;2—第三系—白垩系;3—侏罗系—上三叠统;4—中三叠统—泥盆系;5—志留系—震旦系;6—板溪群—冷家溪;7—EW 向构造背斜;8—EW 向向斜;9—EW 向压性断裂;10—SN 向背斜;11—SN 向向斜;12—SN 向压性断裂;13—华夏系背斜;14—华夏系向斜;15—华夏系压性断裂;16—早-晚期华夏系背斜;17—早-晚期华夏系向斜;18—早-晚期华夏系压性断裂;19—晚期华夏系压性断裂;20—NW 向背斜;21—NW 向向斜;22—NW 向压性断裂;23—旋转背斜;24—旋转向斜;25—旋转压性断裂;26—祁阳山字型背斜;27—祁阳山字型向斜;28—祁阳山字型压性断裂;29—弧形背斜;30—弧形向斜;31—祁阳山字型脊柱范围;32—成矿带范围及编号;33—各时期花岗岩;34—雪峰期玄武质火山角砾岩;35—基性-超基性岩;36—工作区位置

奥陶系(O),下统(O_1)以灰绿色、黄绿色具纹层页岩为主,夹有泥质粉砂岩,总厚度约 1019.3 m。上统(O_3)地层上部为一套灰绿色、暗灰色中-厚层状长石石英砂岩,长石质粉砂岩,粉砂质泥岩,板状页岩成韵律,中部有厚 44.9 m 之灰黄色长石质砂岩;下部为一套砂岩,炭质硅质页岩,泥灰岩,含钙泥岩,厚 293.9 m。

泥盆系(D)中统跳马涧组(D_2t)以角度不整合覆于前泥盆系地层之上。下部为灰白色厚-巨厚层状石英砂岩夹石英砂砾岩;上部为紫红色砂岩、粉砂岩和砂质页岩,夹含铁层,厚

95～536 m。中统棋子桥组（D_2q）为一套浅海碳酸盐相沉积，区内所见岩性为灰色薄至中厚层状泥灰岩、灰岩，泥灰岩常有被风化成页岩状之现象，底部偶夹白云质灰岩，厚300 m。上统余田桥组（D_3s）岩性可分为四大层，由上至下为：①灰色厚层含泥质灰岩夹钙质砂岩及钙质页岩，厚97 m；②灰白色中至厚层状石英砂岩夹砂质页岩，厚170 m；③灰黄色砂质页岩、页岩、砂岩夹钙质砂岩，厚327 m；④底部为黑色页岩夹钙质页岩及白云质灰岩透镜体，往上则为灰色页岩、砂质页岩夹粉砂岩，厚532 m。上统锡矿山组（D_3x）上部为灰白色中至厚层、巨厚层状石英砂岩夹页岩、炭质页岩及劣煤层和铁矿层；下部为灰黄色夹紫红色泥灰岩、砂质页岩、薄至中层状石英砂岩夹钙质砂岩及铁矿层，厚372 m。

石炭系（C）本区出露有下石炭统岩关阶（C_{1y}）和中上石炭统壶天群（C_{2+3}）地层。岩关阶（C_{1y}）地层厚约351 m，地层上部为灰色中至厚层状致密灰岩、泥质灰岩；中部为薄至中层状泥灰岩夹灰岩、灰岩透镜体和钙质砂岩；下部为灰白色薄至中层状石英砂岩夹泥灰岩及页岩。壶天群（C_{2+3}）地层厚度大于427 m，地层上部为灰色至灰白色厚层状白云岩；中部为灰至深灰色厚层状白云岩，偶夹灰岩透镜体；下部为灰白色厚层状白云岩，偶夹白云质灰岩或白云质灰岩透镜体。

白垩系（K）本区只出露了白垩系上统下组（K_2^1），厚2660 m。以紫红色中-厚层状钙泥质砂岩为主，中夹紫红色中-薄层状粉砂岩及粉沙质泥岩，局部地段见砂砾岩。

2.3　区域构造

区域上经历了漫长的较为复杂的构造变动，至少有四期：雪峰运动、加里东运动、印支运动、燕山运动。前两期以褶皱断裂为主，后两期有广泛的岩浆活动，根据构造线方向，可分为EW向构造和近SN向构造。

东西向构造在雪峰期奠定基础，加里东期定型，但又被以后的构造运动叠加和改造。表现在湘中北部白马山—天龙山—龙山—紫云山一带由Z-O地层组成的多个穹隆构造构成的东西向隆起带，反映加里东运动的构造格局。该隆起带中穹隆的间隙及南北两侧则广泛分布D-T_1盖层地层，呈现NE—NNE向延伸的短轴-长轴褶皱，反映印支—燕山期新华夏系构造格局。垂直于该构造线的方向展布了桃花江—沩山—歇马—南岳等印支期—燕山早期的酸性岩体，代表区域上沿NE—SW向拉张的应力场。紫云山岩体也是受控于这一应力场，形成于印支期—燕山早期，对古老构造产生干扰破坏作用，并发育近SN向—NE向—NW向的硅化破碎带及石英脉，显示了岩体侵入以后仍有构造活动，为本区金矿形成提供了有利的条件。

2.4　区域岩浆岩

区内岩浆活动频繁，种类较多，具多期次活动特点。包金山南邻紫云山岩体，东约5 km处出露歇马岩体（图2-1），北部约15 km处出露有沩山岩体，均呈岩基状产出，紫云山复式岩体呈南北向的不规则形态，出露面积约280 km²，其与区内金矿形成关系密切，为印支期-燕山期侵入，由三次侵入的花岗岩及石英二长岩及各类岩脉组成。第一次侵入为斜长花岗岩-黑云母花岗岩岩基（γ_5^{1-a}），富含铜、锡、铅、锌等元素；第二次侵入为黑云母-二云母花岗岩岩株（γ_5^{2-a}）；第三次侵入为黑云母花岗岩（γ_5^{2-c}），侵位于早期岩体内及外接触带板溪群浅变质岩层中，走向以 NW 为主，近 EW 向或 SN 向者次之。

岩浆活动与有色贵金属成矿有一定的关系，在岩基、岩株形状不规则处，有如舌状、岩枝伸出，凹凸明显处，有利于成矿。紫云山岩体北端舌状突出部位和岩体两侧弯曲部位是金矿床产出的有利地段。不同的岩浆及热液活动与不同的矿化类型有关，如云英岩化、钠长石化与稀有金属矿化有关，硅化、绢云母化与铜、铅、金、汞、钼矿有关。

2.5 区域成矿特征

白马山—龙山—紫云山金矿带自西向东可以划分为古台山、大乘山、龙山、紫云山 4 个穹隆。沿穹隆核部呈放射状分布的次级断裂为控矿构造，发育 Au、Sb、W 矿化。赋矿地层主要有板溪群、震旦系、泥盆系。岩浆活动期次有加里东期、印支期、燕山期。矿床类型最重要的是蚀变岩型，其次是石英脉型，再次是卡林型。矿体主要矿物的组合有以下几类：单体金-绢云母、单体金-石英、单体金-白钨矿-石英、单体金-辉锑矿、单体金-毒砂。主要蚀变类型有绢云母化、褪色化、绿泥石化、碳酸盐化。

该金矿带诸矿点的形成是地层、构造、岩浆岩、地球化学等多种因素共同作用的结果，金矿体形成后又经历多期改造叠加。该金矿带的各矿床(点)特征及成矿规律简单概括如表 2-1。

表 2-1 区域矿床(点)特征及成矿规律

矿床名称	矿种	成矿规律简介
古台山	Au、Sb	古台山穹隆放射状断裂中，充填石英脉型 Au-Sb 矿体。穹隆的核部为加里东期二长花岗岩，向外依次为板溪群，震旦、寒武及奥陶系。古台山隆起区产有高岩洞、古台山、青京寨、铲子坪、金山里、白竹坪、土坪、云溪等金-锑矿床(点)。放射状分布的次级断裂，在古台山和高岩洞矿区，按其产状大体可分为 NW、NE、近 EW、NNW、NNE 向 5 组
大乘山	Au、Sb	大乘山穹隆核部出露下震旦统江口组，向外依次为下震旦统湘锰组和洪江组，上震旦统、寒武系、奥陶系、泥盆系以角度不整合围绕穹隆分布。穹隆自北向南有禾青、洪水坪、大乘山、长扶、新田铺林场、三郎庙、白云铺、高家坳、洪庙、掉水洞、大新等金(锑)矿床(点)分布
龙山	Au、Sb	龙山金锑矿床赋存于龙山穹隆之震旦系江口组浅变质岩系中，江口组第一、二岩性段是成矿的有利母岩，矿体呈陡倾斜交错脉状产出，严格受断裂构造控制，侧伏规律明显，延深大于延长。NWW 向断裂是最有利的导矿构造，成矿与深部隐伏花岗岩体关系密切，成矿作用主要与加里东期区域变质作用及隐伏岩体上侵作用所产生的(热)变质热液有关。矿床成因为破碎带蚀变岩型金锑矿床。龙山穹隆除了龙山金锑矿床外还有后里冲、李家冲、猫公岭等金矿点。沿龙山穹隆核部分布的次级断裂大致有 NWW、NE、NW、NNE 向 4 组

续表2-1

矿床名称	矿种	成矿规律简介
紫云山	Au、W，含 Sb	紫云山穹隆核部为印支—燕山期酸性岩体，向外依次为冷家溪群、板溪群、震旦系、寒武系、奥陶系、泥盆系、石炭系。沿紫云山穹隆核部分布的次级断裂主要有 EW、SN、NW 向四组。沿紫云山穹隆由北向南分布雷家冲、包金山、金坑冲、南冲等金矿床(点)
青京寨	Au	青京寨大型蚀变岩型金矿，容矿地层为板溪群漠滨组凝灰质板岩、粉砂质板岩夹浅变质砂岩。矿脉有 NW、NE、EW、SN 向四组，均受表层脆性断裂或裂隙带控制。具工业意义的矿脉均产于 NW 向断裂中。金以次显微金状态包裹于毒砂、黄铁矿中
铲子坪	Au	赋矿地层为震旦系江口群，主要产于砂质板岩中。矿床类型主要是破碎蚀变岩型和石英脉型。工业矿体主要赋存于 NW 向断裂蚀变带，少数矿体赋存于层间破碎带或 SN，NE 向节理裂隙中，蚀变以强硅化、黄铁矿化、毒砂化、绢云母化为主。矿体与围岩的界线不明显，已圈出的工业矿体多为透镜状或不规则状。主矿体长 200 ~ 556 m，最大斜深近 600 m，矿体平均厚度 1.51 m，ρ(Au)平均为 10.18 g/t。矿区已查明三条规模较大的含金构造蚀变带，矿带总体走向 300° ~ 320°，倾向 SW，局部倾向 NE，倾角 70° ~ 88°，矿带沿走向长 4500 ~ 6000 m，宽数米至 30 m，平行雁行排列于 F2 断裂下盘。各矿带由数条至 20 余条矿脉组成并被 NE 向断层所限制或横切
白云铺	以 Pb、Zn 为主，含 Au	泥盆系棋梓桥组下段(D_2q^1)及上段(D_2q^2)第一岩性层(D_2q^{2-1})为铅锌矿的主要赋矿层位之一，赋矿段岩性为白云质灰岩。白云铺铅锌矿区的低品位矿石主要受层间破碎带的控制，产状与地层基本一致；高品位矿体受断裂控制，且显示多期热液叠加的现象，矿体含金
高家坳	Au	高家坳微细粒浸染型(卡林型)金矿床，区域上元古界板溪群和震旦系地层是矿床的主要矿源层，容矿地层泥盆系半山组浊流沉积的以泥质粉砂岩为主、含粉砂岩和杂砂岩的岩性有利于金的吸附富集，基底断裂是矿床主要导矿断裂，NW 向基底隆起顶部有利于矿液集中，次级 NW、NE、EW 向断裂破碎带为金矿成矿提供了良好的就位空间
大新	Au、Sb	大新金矿床受区域基底断裂的分割与挟持，及其下伏岩浆活动的上侵作用，穹隆核部震旦系江口组地层发生脆性断裂，从而为成矿提供了导矿和容矿构造，矿区矿脉严格受 NE、NW、近 SN 向三组断裂控制。破碎蚀变岩型金矿、石英脉型金矿是两种基本金矿类型，其中破碎蚀变岩型金矿是区内主要金矿类型
掉水洞	Au	掉水洞已证实有 3 条 NW 向含金蚀变带，并发现厚大工业矿体，其他信息不详
包金山	Au、W，含 Sb	包金山金矿区位于白马山—龙山—紫云山金矿带的东段，产于紫云山穹隆中近 EW 向、长约 3 km 的 F9 断裂北侧次级断裂中。矿床类型主要有两大类：近 EW 向顺层破碎蚀变岩型 Au 矿体，北西向石英脉型 Au-W 矿体。赋矿地层为板溪群马底驿组第二段

第3章
矿区地质特征

3.1 矿区地层

3.1.1 研究现状

矿区出露地层是一套新元古界浅变质岩，其定名尚有争议。根据湖南省地质矿产局区域地质调查所二队(1992)的1∶5万地质图虞塘幅，矿区地层为高涧群天井组西冲段，是一套陆缘斜坡相的灰-紫灰色中-中厚层状钙质板岩夹含钙质团块条带状板岩、灰岩。

根据湖南省有色地质勘查局二总队(2013)的资料，目前矿区出露地层定为新元古界板溪群马底驿组(Ptbnm)，为一套浅变质的泥质、粉砂质碎屑岩，厚度大于2500 m。该地层可细分为三个岩性段，其中第二岩性段，即钙质板岩段($Ptbnm^2$)，为含矿岩系，厚度1300.85 m(图3-1)。将该岩性段进一步细分为3个小层，与赋矿有关的主要是第2小层($Ptbnm^{2-2}$)，各层岩性特征由下而上分述如下：

第一小层($Ptbnm^{2-1}$)：为深灰色中厚层状含钙质粉砂质条带状板岩、斑点板岩，下部常夹有灰岩透镜体或钙质条带，厚度876.45 m。

第二小层($Ptbnm^{2-2}$)：为灰绿色中厚层状含粉砂质钙质板岩、条带状钙质板岩，中下部钙质含量增高，常见灰岩透镜体或条带，为主要含矿层位，厚60 m。

第三小层($Ptbnm^{2-3}$)：灰黄色厚层状含粉砂质板岩、砂质板岩，厚度360.4 m。

根据原生晕定量金分析结果，矿区主要岩石含粉砂质钙质板岩中，金的平均丰度高于黎彤值($4×10^{-9}$)3~4.6倍，铅相当黎彤值($12×10^{-6}$)2.6倍。

3.1.2 岩性特征

矿区该套地层总体色调是以灰-灰白-灰绿色为主，角砾化发育，有明显的蚀变特征。岩石中常见条带状、瘤状和角砾状大理岩，发育绢云母化、硅化和黄铁矿化等蚀变(图3-2)。

断层F9以南(下盘)地层岩性与上盘钙质板岩和条带状、角砾状大理岩有明显的差别，主要是一套灰黑色砂状、粉砂质板岩，可见青灰色斑点状斑岩(图3-3)。斑点状板岩的矿物成分包括绢云母62%，绿泥石20%(斑点)，黑云母5%，石英3%，方解石10%，岩石具斑点状构造和板状构造。推测其原岩可能含有火山凝灰物质。

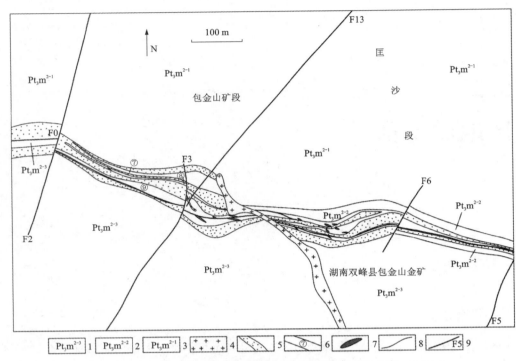

图3-1　包金山矿区地质图(湖南省有色地质勘查局二总队，2013)

1—板溪群马底驿组第二段第三层；2—板溪群马底驿组第二段第二层；3—板溪群马底驿组第二段第一层；4—花岗斑岩脉；5—蚀变岩；6—破碎蚀变带及编号；7—矿体；8—地质界线；9—断层及其编号

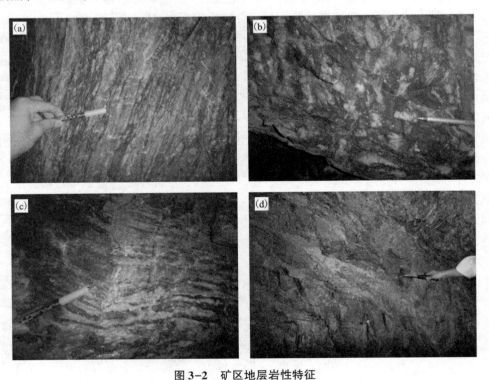

图3-2　矿区地层岩性特征

(a)钙质板岩；(b)条带状大理岩；(c)角砾状大理岩；(d)其蚀变特征

3.1.3 区域对比

区域上板溪群分布于湘西和湘中一带，不整合上覆于冷家溪群之上的一套浅变质岩，岩石常呈紫红色。马底驿组则是以紫红色板岩为主夹灰绿色板岩、钙质板岩及大理岩的地层。高涧群则是一套灰色、灰黑色、灰绿色砂岩、钙质板岩、大理岩和凝灰质板岩。根据湖南省岩石地层，高涧群自下而上分为石桥铺组、黄狮洞组、砖墙湾组、架枧田组、岩门寨组、云场里组等。板溪群与高涧群在颜色、岩性和形成环境都存在差异，甚至是不同期的沉积产物。

图3-3 青灰色斑点状板岩特征

对比区域及矿区的含矿地层特征，认为矿区地层采用"高涧群"的名称更为合适，含矿层位(马底驿组第二段第二层)可能相当于高涧群黄狮洞组，F9下盘的浅变质砂质板岩、青灰色斑点状板岩，与黄狮洞组之下的石桥铺组可以对比。

3.2 矿区构造

褶皱构造不发育，总体呈一向北倾的单斜构造，地层产状平缓，倾角20°~30°。断裂极为发育，主要有近NW向、NNE向、层间破碎带和NW向断层四组。近EW向断裂为矿区的主要控矿构造，其控制了矿床的空间定位，层间破碎带和NW向断层是矿区重要的赋矿构造，其与近EW向断层的组合确定了金钨矿体的空间定位，NNE向断裂是矿区的主要破矿构造(图3-1)。

3.2.1 东西向断裂带

东西向断裂带为矿区的导矿和容矿构造，在走向和倾向上均由一系列近乎平行或侧羽状排列大小不等的断裂组成，两侧围岩产生不同程度的挤压和硅化、绿泥石化等蚀变，并形成破碎蚀变岩带，断裂发育部位见明显的断层角砾，断层泥及擦痕等，多被乳白色石英脉充填，可见黄铁矿等金属矿物颗粒。金矿体则赋存于破碎蚀变岩带之中。金坑冲矿段主要有CF1、CF2、CF3、CF4、CF5、CF6等六条近EW向矿化蚀变带，以CF1(Ⅰ)、CF5(Ⅴ)为主。包金山金矿受金坑冲—王家湾断裂破碎蚀变带的控制，主要有F7、F9断层，两者共同控制了包金山矿床的空间定位，金坑冲矿段的CF5矿化蚀变带和包金山矿段的F9断层为同一条构造。

(1)金坑冲矿段东西向破碎蚀变带特征

经系统工程详细揭露控制说明，CF1、CF5两者于东端撒开，延深较浅，西端近于收敛，延深大于500 m，总体似呈帚状排列展布。CF1号带赋存于近EW向的总体蚀变带的近上部。CF5号带赋存于近下部，水平相距一般为50~60 m，CF1号带地表自15—14线长大于1000 m，西延至14线后在地表以下深部直至30线仍然存在，并逐渐与CF5号带汇合。CF5号带自15—30线全长大于1200 m，26—30线地表蚀变和破碎减弱，并西延与西部包金山矿段的CF7、CF9号带相接。CF5号带较单一且连续，CF1号带除主带外，尚在其下盘出现

CF1-1、CF1-2、CF1-3 等次级分枝岩带，各破碎蚀变岩带的特征见表3-1。

表3-1　破碎蚀变岩带特征表

蚀变岩带	勘探线位置	走向长/m	倾向长/m	厚度/m	产状倾角/(°)
CF1	15—30	1040	>300	5~20	60
CF1-1	15	100	100	5	65
CF1-2	7—6	190	150	5	51
CF1-3	7	70	55	3	54
CF5	15—30	1260	>550	5~25	60

（2）包金山矿段东西向破碎蚀变带特征

F9 是矿区的主断裂，控制金坑冲矿区Ⅴ号脉西延段，是矿区重要的导矿、容矿、控矿构造。断层走向近 EW 至 NEE，东起金坑冲矿区 11 线，往西经包金山、王家湾，止于胡家仑，走向延长大于 3 km，倾向 NNE，倾角 45°~77°，破碎带宽 0.2~5.0 m 不等，角砾发育，角砾成分有砂质板岩、钙质条带状板岩、花岗斑岩和石英，角砾呈透镜状、次棱角状、磨圆度较高，局部为棱角状，被岩屑、石英脉和硫化物脉胶结，断层上下盘硅化、褪色化、绢云母化、绿泥石化、黄铁矿化和磁黄铁矿化较强烈，在构造结合部位石英脉和石英块体发育（图 3-4）。金矿体赋存于断层破碎带和其上下盘发育的层间破碎带中，在其与花岗斑岩脉、层间破碎带和次级 NW 向断层交汇部位富集。

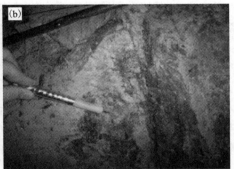

图 3-4　F9 断层面特征

（a）断层面 1；（b）断层面 2

该断层具多期次活动特点，断层面上可见多组擦痕（图 3-4 右）。较早期一组不太清楚，较陡立，向东侧伏 50°~70°；晚期一组较缓，向东侧伏 15°~20°，阶步显示为右旋平移正断层的特征。从断层的综合特征分析，特别是与其次级 NW 向断裂和层间破碎带的组合特征表明，早期为左行压扭性逆断层，后期转变为右行张扭性正断层，其切错了矿区花岗斑岩脉。从该断层下盘地层石桥铺组与上盘黄狮洞组对比可见，总体上，下盘上升，上盘下降，为正断层。

F7 是矿床的导矿、容矿构造，发育于矿区北部与 F9 近于平行展布，相距 60～100 m，走向长大于 750 m，倾向北，倾角 50°～70°。断层面呈疏缓波状，断层带一般较紧闭，仅 20～30 cm，有时可扩展至 50～120 cm，带内可见张性断层角砾及断层泥，角砾尺寸一般为 0.5～1 cm，呈棱角状-次棱角状，被灰黄色断层泥胶接，片理化不明显。亦见乳白色石英脉充填，有黄铁矿等金属矿物颗粒，深部（10 m以下）破碎带中断续见有白钨矿化，上、下盘板岩硅化强烈。金钨矿体主要赋存在其与 NW向侧羽状次级断裂和 NEE 向层间破碎带交汇部位。断层面上可见两组擦痕，早期一组近于直立，根据阶步判断上盘上升，为逆断层；晚期一组近于水平，右旋滑动。按照断层带的特征分析，后期还有张性活动（图 3-5）。

图 3-5　F7 断层水平擦痕

3.2.2　NNE 向断裂带

NNE 向断裂带包括 F13、F2、F3、F4 和 F5，该组断层形成较晚，切割早期形成的东西向断裂和金矿体，矿区内主要发育 F13、F2、F5，其特征如下：

F13 断层发育于矿区 50—52 线间，走向 NNE 15°～30°，坑道揭露破碎带宽 2～20 m 不等，角砾发育，角砾呈棱角状、次棱角状，成分为砂质板岩、钙质条带状板岩、乳白色石英和含矿石英，被泥质和岩屑胶结（图 3-6），破碎带中走向挤压裂隙面较发育，充填断层泥，上下盘围岩中次级断层和裂隙极为发育，破碎带中局部见矿石角砾，取样含金 0.5～2.0 g/t。该断层切错早期形成的 F9、F7、花岗斑岩脉和矿体，根据擦痕及阶步判断，为右旋平移正断层，水平错距 60～90 m 不等，垂直错距大于 200 m。

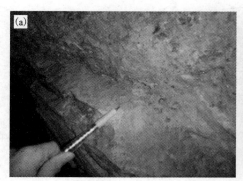 

图 3-6　F13 断层特征
（a）断层 1；（b）断层 2

F2、F5 等断层生成较晚，切割前者，但错距不大，对岩带和矿体未形成明显的破坏，在包金山—长冲一带多见花岗斑岩脉充填。

3.2.3 层间破碎带

该组破碎带在包金山矿段坑道揭露发育于 F9 与 F7 断层夹持的马底驿组中段钙质(白云质)条带板岩夹斑点状板岩、砂质板岩岩组中,在 F9 断层的下盘近围的层间破碎带极为发育,呈右行雁列,常发育于钙质条带板岩与砂质板岩换层部位,主要有 F81、F82、F83、F84 等。倾向北北西—北,倾角 40°~55°,沿走向及倾向上具追踪再现、膨胀收缩和波状起伏特征,沿走向南西起于 F9,往北东交于 F7 上,破碎带内绢云母化、黄铁矿化、磁黄铁矿化、铁白云石脉发育,该组断层与近东西向断层、北西向断层(石英脉)、花岗斑岩脉交汇部位是石英脉型金矿和蚀变岩型金矿体的富集部位。该组断层切错早期形成的北西向石英脉(断层)。

包金山矿段和金坑冲矿段深部钻孔亦揭露该组断裂,并常赋存有金矿体。

3.2.4 NW 组断层(石英脉)

该组构造目前只见于包金山矿段的坑道内,其发育于 F9 与 F7 断层夹持地块中,呈北西向左行斜列雁行排列,为近 EW 向 F9、F7 断层的次级断层,计有 101、102、103、104 等数十条(图 3-7)。断层倾向南西,倾角 35°~75°。沿走向、倾向具尖灭再现、膨胀收缩、分支复合现象,走向上南东交于 F9 断层,往北西与 F7 断层相遇,于 F7 断层上盘快速尖灭。断裂破碎带中常为烟灰色石英脉充填,该组石英脉与层间破碎带、F7、F9 断层交汇部位绢云母化、黄铁矿化、磁黄铁矿化强烈,并常见明金发育,局部富集团块状白钨矿体,由交汇部位的石英脉沿走向往两侧矿化蚀变逐渐减弱,金矿化于石英脉与 EW 向断层、NEE 向层间破碎带结合部位富集,常形成板柱状富金矿体。

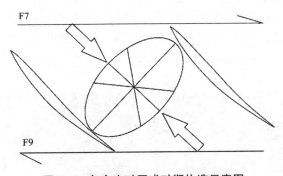

图 3-7　包金山矿区成矿期构造示意图

3.3　矿区岩浆岩

矿区内岩浆岩主要以花岗斑岩脉的形式出现。地表见一条岩脉出露,分布于矿区中部,走向 310°,倾向北东,倾角 46°~68°,长 460 m,地表宽 4~34 m。矿山坑道于该岩脉下盘还揭露有 2 条花岗斑岩脉,走向北西西—北西,倾向北东。花岗斑岩为灰白色块状构造、显微粒状、变余斑状、显微变晶结构,斑晶占 15%~30%,大小为 0.25~3.5 mm[图 3-8(a)]。岩石成分为钾长石、钠长石、石英、角闪石、黑云母、微量锆石、磷灰石等,属紫云山花岗岩第三次侵入岩派生产物。

花岗斑岩脉多被蚀变,有硅化、绢云母化、绿泥石化、碳酸盐化、黄铁矿化等,其中有石英细脉产出。通过对花岗斑岩及石英脉系统分析,含 Au 分别为 0~0.34 g/t 和 0~0.17 g/t,在岩脉两侧矿体富集。

花岗斑岩脉在深部形态稳定,在岩脉弧状拐弯处上、下盘的破碎蚀变带中常发育较富金矿体,说明岩浆活动提供了部分成矿物质和热源,与成矿关系较为密切。在-20 m 中段见岩体中向外延伸的石英辉锑矿脉[图 3-8(b)],这种脉附近可见金的富集,局部形成粗粒明金。

图 3-8 矿区岩特征图

(a)花岗斑岩特征图;(b)石英辉锑矿细脉

矿区南部 1500 m 左右为紫云山复式花岗岩体,岩体在地表出露面积约 280 km²,呈南北向的透镜状,主要侵位于晚元古代板溪群和冷家溪群中。岩性主要由黑(二)云母二长花岗岩、似斑状含角闪石黑云母二长花岗岩、似斑状角闪石黑云母花岗闪长岩、透辉石(角闪石)富黑云母二长花岗岩等组成,在岩体中还穿插有花岗斑岩脉、辉绿玢岩脉和闪斜煌斑岩脉等脉岩。

第4章
岩浆岩地质地球化学研究

　　包金山矿区的岩浆岩主要包括区域上(矿区南部)的紫云山复式岩体和矿区的蚀变花岗斑岩。本章开展了紫云山岩体地质地球化学研究,特别是开展了岩石中的微粒包体的专门研究,为花岗岩成岩和构造环境分析提供了依据;矿区开展了蚀变花岗斑岩的地质地球化学研究,探讨了脉岩对金成矿作用的意义。

4.1　紫云山岩体

4.1.1　地质背景及岩石学

　　紫云山复式岩体在地表出露面积约280 km²,岩体呈南北向的透镜状,主要侵位于新元古代板溪群和中元古代冷家溪群中(图4-1),岩性主要由黑(二)云母二长花岗岩、似斑状含角闪石黑云母二长花岗岩、似斑状角闪石黑云母花岗闪长岩、透辉石(角闪石)富黑云母二长花岗岩等组成,在岩体中还穿插有花岗斑岩脉、辉绿玢岩脉和闪斜煌斑岩脉等脉岩。据La ICP-Ms锆石U-Pb法定年,岩体获得(222.5±1)Ma和(222.3±1.8)Ma的年龄,侵入时代定为印支晚期(刘凯 等,2014)。

　　似斑状角闪石黑云母花岗闪长岩中广泛可见暗色微粒包体。该岩体呈浅灰白色,中粒结构,块状构造,暗色微粒包体成群出现[图4-2(a)],主要由斜长石(含量约45%,质量分数,下同)、钾长石(含量约15%)、石英(含量约25%)、黑云母(含量约10%)、角闪石(含量约5%)和少量辉石组成;斜长石呈半自形板状,粒度介于2.0~5.0 mm之间,多见聚片双晶,个别斜长石有明显的环带结构;钾长石呈他形-半自形,板状,泥化较强;黑云母呈片状,有明显的熔蚀现象;辉石粒度在0.1~0.3 mm,常出现在靠近暗色微粒包体的部位,其呈他形浑圆粒状,具有熔蚀的特征;副矿物主要为磷灰石和锆石等。为了方便起见,本文中把含有大量暗色微粒包体的似斑状角闪石黑云母花岗闪长岩简称为寄主岩。

　　暗色微粒包体广泛出现在寄主岩中[图4-2(a)],并具有多种类型,按照野外及镜下观察,可以分为具有变质岩特征和具有火成岩结构的两大类。

　　具有变质岩特征的暗色微粒包体,有片麻状结构和似角岩结构两种类型。前者矿物粒度为0.2~0.3 mm,呈中粒变晶结构,黑云母呈不连续定向排列形成片麻状构造[图4-2(b)、图4-3(a)],主要矿物为斜长石(含量约50%)、石英(含量约35%)、黑云母(含量约15%),

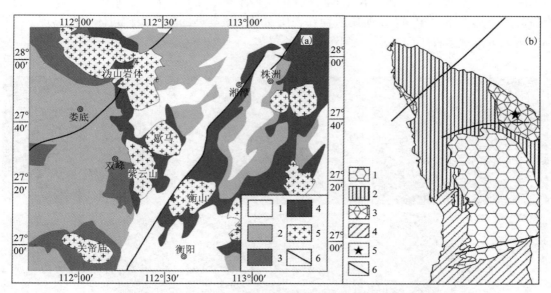

图 4-1 湖南紫云山岩体区域综合地质简图(修改自刘凯 等, 2014)

(a)1—中新生界;2—上古生界;3—下古生界;4—元古宇;5—花岗岩体;6—断层
(b)1—黑(二)云母二长花岗岩;2—似斑状含角闪石黑云母二长花岗岩;3—似斑状角闪石黑云母花岗闪长岩;4—透辉石(角闪石)富黑云母二长花岗岩;5—采样位置;6—断层

可能为黑云母片麻岩的捕虏体;后者黑云母含量较少,不具有明显的定向性,但各矿物粒度接近,为 0.3~0.5 mm,呈粗粒近等粒镶嵌接触,类似变质岩的角岩结构[图 4-3(b)],主要由斜长石(含量约 62%),石英(含量约 33%)和黑云母(含量约 5%)组成,其中石英和斜长石晶形较差,呈他形粒状,这种类型的包体为花岗岩中变质程度较低的变质岩或者沉积岩围岩的捕虏体,受热出现了一定热变质的特征。这两类暗色微粒包体均具有成分较为均一,且斑晶较少的特点。而在花岗岩中偶见未完全熔融的钙质板岩捕虏体[图 4-2(c)],其明显地分为内中外三层,内层基本保留原岩特征,为未熔融的钙质板岩部分;中层颜色较浅,应该是原岩熔化后同花岗岩发生物质交换后形成的;外层以暗色矿物为主的细粒矿物占多数,该层可能是由于捕虏体在熔融过程中吸热,使得在其边部出现低温区,由于暗色矿物结晶温度较高,故在低温区富集而形成的。为了方便区别,本书将这一大类暗色微粒包体称为捕虏体。

本次研究的主要对象为在花岗岩中出现最为广泛、具有火成结构的暗色微粒包体,其呈黑色-灰白色,粒度较寄主岩细,细粒-中粒结构均有出现,块状构造。暗色微粒包体大小不等,长轴从数厘米到数米;形态各异,浑圆状、透镜状、撕裂状、不规则状均有产出,偶见岩墙状[图 4-2(d)]和镰刀状的[图 4-2(e)];从整体上来看,暗色包体的长轴具有定向特征,且部分暗色微粒包体有明显的拖尾现象[图 4-2(f)]或者弥散现象,偶可见反向脉[图 4-2(g)]。暗色微粒包体与寄主岩的界线普遍截然,其中部分可见明显的淬火结构[图 4-2(h)];少数界线模糊,同寄主岩呈过渡的接触关系。大部分暗色微粒包体内部成分较为均一,而有的暗色微粒包体中可见浅色物质与暗色物质相互混合的现象[图 4-2(i)];同时有些大的暗色微粒包体内部还存在小的暗色微粒包体,一般内侧暗色微粒包体的粒度小于外侧

[图4-2(j)]，但是也可见内侧粒度较外侧粗大的[图4-2(k)]，而内外暗色微粒包体中的长石斑晶大小形态基本相同，说明两者存在物质交换。该类型的暗色微粒包体成群出现，在同一区域内可出现多种不同类型、大小、形态的包体。

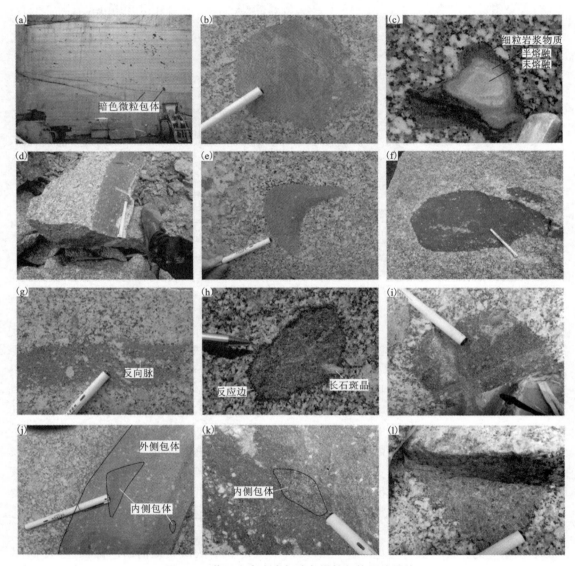

图4-2　紫云山寄主岩与暗色微粒包体野外照片

该类型的暗色微粒包体主要由斜长石(含量约45%)、石英(含量约15%)、透辉石(含量约20%)、黑云母(含量约10%)和钾长石(含量约10%)组成。斜长石、石英等浅色矿物的粒度明显大于暗色矿物，较大的晶体内常包嵌多种粒度较小的其他矿物，形成包晶(嵌晶)结构[图4-3(c)、(d)]。斜长石常见聚片双晶，暗色微粒包体中常含有斜长石和石英斑晶，斜长石斑晶形态及大小与寄主岩的斜长石相似，且可出现在暗色微粒包体和寄主岩的交界处[图4-2(h)]；石英斑晶呈浑圆状，粒度为2.5~7.5 mm，边缘被细粒的辉石呈平行棒状环

绕，构成齿冠结构[图4-3(e)]。暗色矿物主要为辉石和黑云母，粒度较细，介于0.1~
0.3 mm间，辉石呈粒状，解理较为模糊；黑云母呈片状，常可见港湾状的熔蚀结构，常可见
暗色微粒包体与寄主岩的接触处有大量黑云母聚集；部分暗色微粒包体中可见由辉石为主的
暗色矿物组成的团块[图4-2(1)，图4-3(f)]，根据辉石的粒度该团块呈双层结构，内层辉
石粒度很细，为显微晶质结构，外侧辉石为显晶质结构，而团块中的黑云母虽然没有这么大
的变化和明显的分层特征，但是从中心到边部粒度明显呈放射状变大。磷灰石为主要的副矿
物，常出现在石英或者长石颗粒内部，其形态不尽相同，针状-短柱状均有出现[图4-3(d)]。

图4-3　紫云山寄主岩与暗色微粒包体镜下照片

(a)，(b)，(c)，(e)左边为单偏光，右边为正交偏光，矿物缩写：
Qtz—石英；Pl—斜长石；Bt—黑云母；Cpx—单斜辉石；Ap—磷灰石；Di—透辉石

4.1.2　样品制备及测试分析

进行测试的样品采集于紫云山复式岩体北东侧采石场内[图4-1(b)]，选择较为新鲜、
蚀变较弱，且具有明显火成结构的暗色微粒包体和寄主岩。9件暗色微粒包体和4件寄主岩
样品的全岩主量及微量元素测试分析在广州澳实实验研究所进行，主量元素采用硼酸锂-硝
酸锂熔融，X荧光光谱分析；微量元素采用硼酸锂熔融、等离子质谱定量的方法进行测试分
析。长石、单斜辉石和黑云母的矿物主量元素分析在中南大学重点实验室的岛津EP-1720H
电子探针微分析仪上进行，加速电压为15 kV，束流为10 nA，束斑直径为1 μm。

4.1.3　测试结果

(1)全岩地球化学

①主量元素。寄主岩与暗色微粒包体的主量元素和微量元素分析结果见表4-1。

表4-1　紫云山寄主岩体及暗色微粒包体主量和微量元素组成

样号		寄主岩				暗色微粒包体							
		H1	H2	H3	H4	B-1-1	B-1-2	B-2	B-3	B-5	B-6	B-7	B-8	B-9
主量元素质量分数/%	SiO_2	66.2	66.4	67.4	67.2	62.0	62.1	61.2	60.8	61.3	57.8	66.5	62.8	62.9
	TiO_2	0.66	0.61	0.55	0.60	1.20	1.26	1.22	0.79	0.75	1.48	0.56	0.90	1.00
	Al_2O_3	15.10	15.00	15.50	15.30	15.90	15.65	15.75	15.80	15.55	17.75	14.75	15.60	16.10
	TFe_2O_3	5.11	4.71	4.37	4.69	7.75	7.62	7.60	7.04	6.57	8.19	4.71	6.61	6.90
	MnO	0.08	0.07	0.07	0.07	0.10	0.10	0.10	0.15	0.14	0.10	0.09	0.10	0.09
	MgO	1.56	1.44	1.28	1.40	2.29	2.23	2.42	2.64	2.61	2.33	1.60	2.05	2.12
	CaO	3.17	3.08	3.25	2.88	3.66	3.73	3.87	5.89	5.28	4.37	3.24	2.64	3.77
	Na_2O	3.12	3.11	3.36	3.01	3.56	3.54	3.63	3.78	3.56	4.21	2.76	2.58	3.87
	K_2O	4.35	4.28	3.97	4.83	2.96	2.64	2.54	1.96	2.87	2.82	4.97	6.14	2.30
	P_2O_5	0.17	0.16	0.14	0.16	0.26	0.25	0.31	0.17	0.19	0.37	0.14	0.26	0.29
	SO_3	0.07	0.06	0.03	0.06	0.13	0.09	0.06	0.04	0.05	0.08	0.03	0.02	0.04
	NiO	<0.01	<0.01	<0.01	<0.01	0.01	<0.01	<0.01	0.01	<0.01	<0.01	<0.01	<0.01	<0.01
	CuO	<0.01	<0.01	<0.01	<0.01	0.01	<0.01	<0.01	<0.01	<0.01	<0.01	<0.01	0.01	<0.01
	CoO	<0.01	<0.01	<0.01	<0.01	<0.01	<0.01	<0.01	<0.01	<0.01	<0.01	<0.01	<0.01	<0.01
	Cr_2O_3	0.01	0.01	0.01	0.01	0.01	0.01	0.01	0.01	0.01	<0.01	0.02	0.01	0.01
	BaO	0.07	0.07	0.06	0.09	0.04	0.03	0.02	0.02	0.05	0.02	0.09	0.07	0.03
	LOI	0.32	0.79	0.45	0.42	0.41	0.36	0.68	0.43	0.28	0.35	0.31	0.61	0.48
	Total	100.10	99.87	100.55	100.80	100.40	99.71	99.54	99.63	99.32	100.05	99.87	100.50	100.00
	Mg#	0.38	0.38	0.37	0.37	0.37	0.37	0.39	0.43	0.44	0.36	0.40	0.38	0.38
微量元素质量分数/($\mu g \cdot g^{-1}$)	V	64	56	54	54	117	119	112	94	112	114	57	102	94
	Cr	50	40	40	40	30	30	40	50	50	20	40	50	30
	Ga	19.9	19.5	19.0	18.7	23.9	24.2	23.0	20.0	20.2	26.8	17.4	20.6	24.7
	Rb	246	233	212	239	279	270	272	205	229	299	251	373	237
	Sr	169.0	166.5	171.5	173.5	142.0	135.5	127.5	134.5	128.0	131.0	146.5	147.5	124.5
	Y	30.3	28.6	25.9	27.4	48.4	55.7	33.3	28.4	41.4	51.8	23.6	29.5	40.7
	Zr	246	235	202	223	242	242	335	153	246	672	175	278	421
	Nb	13.9	13.1	11.6	12.4	22.9	22.9	18.8	14.4	15.0	20.7	11.5	14.9	20.1
	Sn	7	7	6	5	9	9	5	6	7	6	4	4	6
	Cs	21.10	19.05	16.25	12.55	24.60	23.10	24.60	15.40	24.70	20.50	11.30	16.05	18.70
	Ba	598	592	530	761	310	298	142	126	446	164	778	568	206

续表4-1

样号		寄主岩			暗色微粒包体								
	H1	H2	H3	H4	B-1-1	B-1-2	B-2	B-3	B-5	B-6	B-7	B-8	B-9
Hf	6.1	5.9	5.2	5.7	5.8	5.8	8.5	3.7	5.9	16.6	4.1	6.9	10.3
Ta	1.4	1.4	1.3	1.4	2.8	3.1	1.2	1.1	1.1	1.3	0.9	1.0	1.6
W	2	4	3	2	1	2	2	2	3	4	1	2	1
Th	27.80	27.30	21.70	23.80	19.45	19.45	25.50	10.95	16.95	34.20	7.93	15.95	32.70
U	6.11	5.77	4.36	4.29	20.40	19.60	8.64	14.55	5.66	14.20	7.01	10.05	3.20
La	49.9	44.8	34.2	39.7	35.4	41.4	63.7	24.4	39.9	96.9	13.8	35.7	65.3
Ce	100.0	89.1	69.3	79.6	73.1	85.8	130.0	48.5	78.6	198.5	27.3	78.8	128.5
Pr	10.60	9.53	7.58	8.85	8.34	9.81	14.35	5.44	8.61	21.20	3.22	8.50	14.45
Nd	37.1	32.8	26.6	31.1	30.8	37.0	51.3	19.9	30.8	73.8	12.8	30.4	50.6
Sm	7.05	6.54	5.46	6.15	7.84	9.27	9.65	5.14	7.51	14.45	3.68	6.74	9.70
Eu	1.22	1.19	1.15	1.21	1.08	1.14	1.00	0.95	0.93	1.29	1.02	1.14	0.95
Gd	6.10	5.91	4.90	5.59	8.07	9.44	8.35	5.11	7.49	12.55	4.17	6.31	8.68
Tb	0.91	0.85	0.74	0.84	1.31	1.64	1.19	0.86	1.19	1.83	0.64	0.98	1.25
Dy	4.95	4.79	4.47	4.59	8.27	9.88	6.64	5.19	7.31	10.15	4.00	5.42	7.04
Ho	1.06	1.02	0.91	0.98	1.71	1.98	1.27	1.05	1.52	1.96	0.86	1.10	1.46
Er	3.18	2.79	2.79	2.75	4.73	5.62	3.29	2.99	4.27	5.30	2.47	3.10	4.02
Tm	0.47	0.44	0.40	0.40	0.67	0.83	0.44	0.41	0.58	0.67	0.32	0.43	0.54
Yb	2.66	2.65	2.45	2.57	4.09	4.66	2.49	2.55	3.72	3.93	2.07	2.40	3.23
Lu	0.48	0.41	0.39	0.39	0.60	0.68	0.38	0.44	0.58	0.60	0.34	0.38	0.53
ΣREE/(μg·g^{-1})	225.68	202.82	161.34	184.72	186.01	219.15	294.05	122.93	193.01	443.13	76.69	181.40	296.25
LREE/(μg·g^{-1})	205.87	183.96	144.29	166.61	156.56	184.42	270.00	104.33	166.35	406.14	61.82	161.28	269.50
HREE/(μg·g^{-1})	19.81	18.86	17.05	18.11	29.45	34.73	24.05	18.60	26.66	36.99	14.87	20.12	26.75
LREE/HREE	10.39	9.75	8.46	9.20	5.32	5.31	11.23	5.61	6.24	10.98	4.16	8.02	10.07
$w(\text{La}_\text{N})/w(\text{Yb}_\text{N})$	13.46	12.13	10.01	11.08	6.21	6.37	18.35	6.86	7.69	17.69	4.78	10.67	14.50
δEu	0.57	0.59	0.68	0.63	0.42	0.37	0.34	0.57	0.38	0.29	0.80	0.53	0.32
δCe	1.07	1.06	1.06	1.04	1.04	1.04	1.05	1.03	1.04	1.07	1.00	1.11	1.03

注：Mg#表示 $n(\text{Mg})/[n(\text{Mg})+n(\text{TFe})]$；$\Sigma$REE 表示稀土元素质量分数；LREE 表示轻稀土元素质量分数；HREE 表示重稀土元素质量分数。

　　寄主岩的 $w(\text{SiO}_2)$ 介于 66.2% ～67.2% 间，平均值为 66.8%，属于酸性岩的范畴；而暗色微量包体 $w(\text{SiO}_2)$ 变化相对较大，介于 57.8% ～66.5% 间，平均值为 61.9%，除一个样品外，均属于中性岩的范畴。寄主岩的 $w(Al_2O_3)$ 介于 15.0% ~ 15.5% 间，平均值为 15.2%，A/KNC，即 $n(Al_2O_3)/[n(CaO)+n(Na_2O)+n(K_2O)]$ 介于 0.97 ~ 0.99 间，平均值为 0.98，如图 4-4(a) 所示，属于准铝质的范畴；暗色微量包体的 $w(Al_2O_3)$ 介于 14.75% ~ 17.75% 间，平均值为 15.90%，A/KNC 介于 0.83 ~ 1.03 间，平均值为 0.96，在图 4-4(a) 中样品点分布较为分散，总体上同样属于准铝质的范畴。寄主岩的全碱 $w(Alk) = w(Na_2O+K_2O)$ 介于 7.33 ~ 7.84 间，平均值为 7.51，$w(Na_2O)/w(K_2O)$ 介于 0.62 ~ 0.85 间，具有相对贫钠富钾的特征；暗色微粒包体的全碱介于 5.74 ~ 8.72 间，平均值为 6.74，$w(Na_2O)/w(K_2O)$ 介于 0.42 ~ 1.93，除 2 个样品外，其余 Na_2O 含量均大于 K_2O，与寄主岩相反，暗色微粒包体显示为富钠贫钾的特征。除 1 个暗色微粒包体的样品外，寄主岩与暗色微粒包体的里特曼指数(σ)均介于 1.8 ~ 3.0 间，属于钙碱性系列中的正常太平洋型；在 $w(SiO_2)$-MALI 图解上[MALI 表示 $w(Na_2O)+w(K_2O)-w(CaO)$][图 4-4(b)]，寄主岩均位于钙碱性系列的范围内，而暗色微粒包体投影较为分散，总体上同样位于钙碱性系列的范围。寄主岩的 Mg#，即表示 $n(Mg)/[n(Mg)+n(TFe)]$，介于 0.37 ~ 0.38 间，而暗色微量包体 Mg# 介于 0.36 ~ 0.44 间，平均值为 0.39，按照 $w(SiO_2)$-Fe^*[Fe^* 表示 $w(TFeO)/w(TFeO+MgO)$]分类图解[图 4-4(c)]

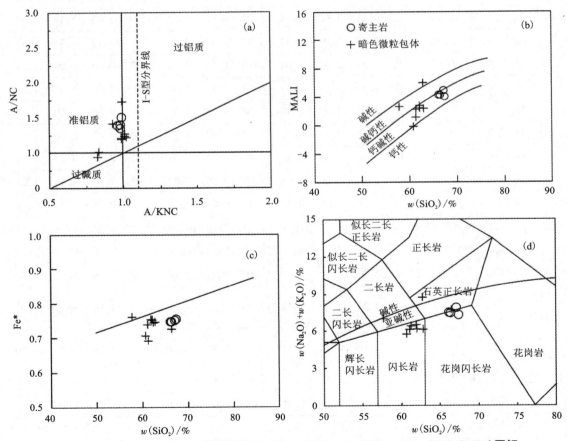

图 4-4　(a) A/KNC-A/NC 图解(据 Maniar and Piccoli，1989)；(b) $w(SiO_2)$-Fe^* 图解
(据 Frost et al，2001)；(c) $w(SiO_2)$-MALI 图解(据 Frost et al，2001)；
(d) 花岗岩类 TAS 分类图(据 Middlemost，1994)

（Frost et al，2001），寄主岩与暗色微粒包体均属于镁质岩浆岩。在全碱-硅（TAS）分类图中
［图 4-4（d）］，寄主岩主要位于花岗闪长岩的范畴，而暗色微粒包体主要投影于闪长岩的范
畴，与野外及镜下观察相一致。在全岩的 Harker 图解中（图 4-5），虽然暗色微粒包体样品的
投影点较为分散，但是总体上来说，无论是寄主岩还是暗色微粒包体，$w(SiO_2)$ 同 $w(TiO_2)$、
$w(Al_2O_3)$、$w(TFe_2O_3)$、$w(MgO)$、$w(CaO)$ 和 $w(P_2O_5)$ 间均有一定的负相关性，且两者样品
的投影点具有良好的协变关系。

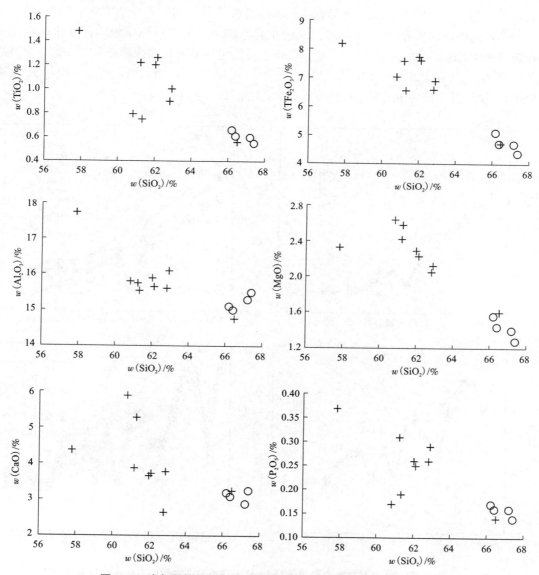

图 4-5　暗色微粒包体与寄主岩的 Harker 图解（图例同图 4-4）

②微量元素。

从表 4-1 可见，寄主岩的 ΣREE 介于 161.34 ~ 225.68 μg/g，平均值为 193.64 μg/g，暗
色微粒包体 ΣREE 介于 76.69 ~ 446.13 μg/g，平均值为 223.62 μg/g，显示寄主岩的 ΣREE 值

略小于暗色微粒包体，且前者稀土含量的变化较后者稳定。在寄主岩和暗色微粒包体的稀土元素球粒陨石配分曲线图上[图 4-6(a)、(b)]，均显示右倾的分布模式，且轻稀土分馏明显，重稀土较为平坦；而两者的 $w(La_N)/w(Yb_N)$ 分别为 10.01~13.46 和 4.78~18.35，平均值分别为 11.67 和 10.34，同样显示均存在轻、重稀土的分异，且轻稀土强烈富集，具有壳幔混合的特点(付强 等，2011)。寄主岩的 δEu 介于 0.57~0.68 间，平均值为 0.62，δCe 介于 1.04~1.07，平均值为 1.05；暗色微粒包体 δEu 介于 0.29~0.80 间，平均值为 0.45，δCe 介于 1.00~1.11，平均值为 1.05。可见寄主岩和暗色微粒包体均有明显的 Eu 负异常，且后者较前者具有更强烈的负异常，而两者的 Ce 的正异常均不明显。在原始地幔标准化的微量元素蜘蛛网图中[图 4-6(c)、(d)]，寄主岩和暗色微粒包体的分布曲线形态基本一致，均富集大离子亲石元素(LILE)K、Rb、Th、U、Ce 等，而相对亏损 Nb、Ta、Ti 等高场强元素(HFSE)，并具有明显的 Ba、Sr、P 负异常和 La 正异常。

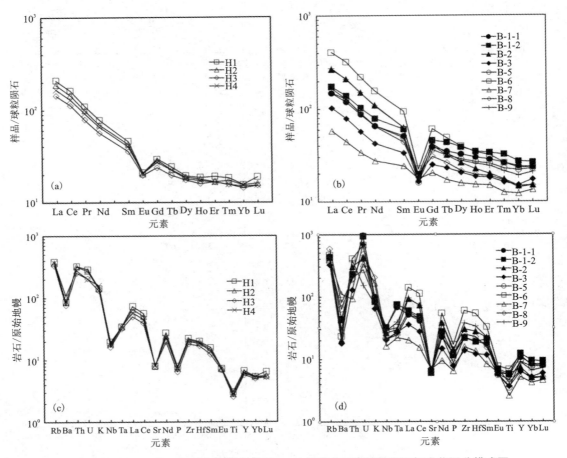

图 4-6   寄主岩(a)(c)与暗色微量包体(b)(d)的稀土元素球粒陨石标准化配分模式图
(标准化值据 Sun et al, 1989)及微量元素原始地幔标准化图解(标准化值据 Sun et al, 1989)

(2)矿物化学

①长石。暗色微粒包体及寄主岩中长石的电子探针分析结果见表 4-2。

表4-2　长石化学成分（质量分数，%）

样号	寄主岩																	暗色微粒包体						
	1.1-1	1.1-2	1.1-3	1.1-4	1.1-5	1.1-6	1.1-7	1.1-8	1.1-9	1.2-1	1.6-1	1.6-2	1.6-4	1.6-5	1.6-6	7.4	7.6	6.2	6.7-1	6.7-2	6.7-3	6.7-3	7.1	7.2
SiO_2	56.15	55.24	58.36	58.16	59.02	60.79	58.99	59.48	61.18	58.47	59.62	56.26	59.08	59.48	60.72	57.77	56.69	58.40	58.00	58.39	56.49	55.47	57.69	60.93
TiO_2	0.04	0.07	0.00	0.02	0.01	0.00	0.01	0.00	0.02	0.02	0.02	0.03	0.06	0.02	0.04	0.00	0.00	0.00	0.05	0.00	0.07	0.03	0.06	0.03
Al_2O_3	26.89	24.68	27.06	26.58	26.54	24.32	25.64	25.54	25.08	25.29	25.33	25.80	24.71	24.86	23.27	27.92	26.41	26.15	25.24	25.55	24.93	25.94	25.77	25.22
TFeO	0.20	0.07	0.04	0.10	0.05	0.07	0.08	0.14	0.14	0.06	0.13	0.14	0.16	0.05	0.09	0.11	0.10	0.11	0.11	0.04	0.11	0.05	0.05	0.17
MnO	0.02	0.00	0.00	0.00	0.00	0.04	0.00	0.04	0.01	0.00	0.00	0.01	0.00	0.04	0.02	0.04	0.01	0.01	0.00	0.00	0.01	0.00	0.00	0.02
CaO	9.73	7.68	9.07	8.51	8.67	6.50	7.81	7.71	7.41	8.22	8.14	7.69	6.48	6.98	5.93	9.82	8.35	7.69	8.07	7.80	7.33	8.49	7.63	6.82
Na_2O	5.79	6.10	6.45	6.58	6.02	6.65	5.81	5.73	6.04	6.42	5.08	7.44	7.63	6.89	7.51	6.28	6.35	6.08	6.85	7.00	7.07	6.22	7.06	7.68
K_2O	0.41	0.20	0.23	0.33	0.35	0.35	0.36	0.37	0.36	0.42	0.56	0.47	0.44	0.42	0.55	0.29	0.31	0.19	0.35	0.44	0.55	0.30	0.31	0.25
Total	99.21	94.03	101.21	100.27	100.65	98.71	98.70	99.02	100.23	98.9	98.87	97.83	98.54	98.73	98.13	102.24	98.22	98.62	98.66	99.21	96.56	96.51	98.57	101.12
O=8																								
Si	2.55	2.62	2.58	2.60	2.62	2.73	2.66	2.67	2.71	2.64	2.68	2.59	2.68	2.68	2.75	2.54	2.59	2.64	2.63	2.63	2.58	2.62	2.62	2.69
Al	1.44	1.38	1.41	1.40	1.39	1.29	1.36	1.35	1.31	1.35	1.34	1.40	1.32	1.32	1.24	1.45	1.42	1.39	1.35	1.36	1.37	1.42	1.38	1.31
Ca	0.47	0.39	0.43	0.41	0.41	0.31	0.38	0.37	0.35	0.40	0.39	0.38	0.31	0.34	0.29	0.46	0.41	0.37	0.39	0.38	0.37	0.42	0.37	0.32
Na	0.51	0.56	0.55	0.57	0.52	0.58	0.51	0.50	0.52	0.56	0.44	0.66	0.67	0.60	0.66	0.54	0.56	0.53	0.60	0.61	0.64	0.56	0.62	0.66
K	0.02	0.01	0.01	0.02	0.02	0.02	0.02	0.02	0.02	0.02	0.03	0.03	0.03	0.02	0.03	0.02	0.02	0.01	0.02	0.03	0.03	0.02	0.02	0.01
An	47.04	40.48	43.17	40.90	43.42	34.28	41.67	41.64	39.50	40.42	45.24	35.43	31.15	35.02	29.39	45.59	41.32	40.65	38.66	37.15	35.28	42.25	36.75	32.45
Ab	50.63	58.25	55.55	57.24	54.53	63.51	56.07	55.98	58.23	57.11	51.05	61.99	66.35	62.49	67.36	52.79	56.84	58.17	59.36	60.36	61.60	56.00	61.48	66.14
Or	2.33	1.27	1.28	1.86	2.06	2.20	2.26	2.38	2.28	2.47	3.71	2.58	2.50	2.49	3.25	1.63	1.84	1.18	1.98	2.49	3.12	1.75	1.77	1.40

注：TFeO 为全铁含量（下同）。

寄主岩的斜长石 $w(Na_2O)$ 介于 5.08% ~ 7.63% 间，平均值为 6.40%；$w(K_2O)$ 介于 0.20% ~ 0.56% 间，平均值为 0.38%；$w(CaO)$ 介于 6.48% ~ 9.82% 间，平均值为 7.92%。在 Ab-Or-An 图解中（图 4-7），斜长石位于中长石的范畴，其斜长石组成介于 $An_{29.39}$ ~ $An_{47.04}$ 间。部分斜长石具有清晰的环带结构，从核部到边部其 An 含量具有先下降，然后上升，再下降的变化趋势（图 4-8）。

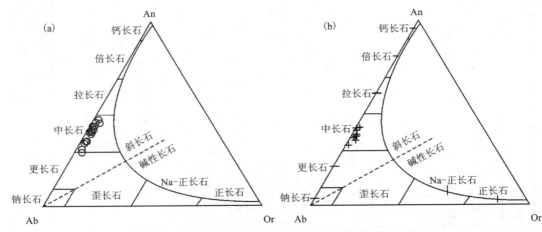

图 4-7　长石命名图解（a）寄主岩；（b）暗色微粒包体（图例同图 4-4）

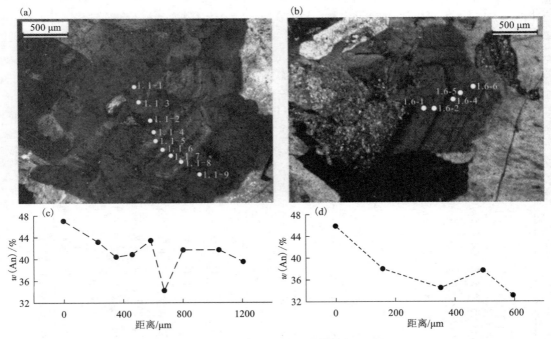

图 4-8　寄主岩中斜长石环带的剖面图

暗色微粒包体的斜长石 $w(Na_2O)$ 介于 6.08% ~ 7.68% 间，平均值为 6.85%；$w(K_2O)$ 介于 0.19% ~ 0.55% 间，平均值为 0.33%；$w(CaO)$ 介于 6.82% ~ 8.49% 间，平均值为 7.69%。在 Ab-Or-An 图解中（图 4-7），与寄主岩的斜长石一样属于中长石的范畴，其斜长石组成介于 $An_{32.45}$ ~ $An_{42.25}$ 间。由图 4-7 可以看出，寄主岩和暗色微粒包体中的斜长石具有极为相似的化学组成。而在寄主岩中，部分长石具有环带结构，从内到外环带化学成分具震荡性的变化特征，表明结晶过程中与长石平衡的母岩浆性质发生了反复变化。

②辉石。暗色微粒包体及寄主岩中辉石电子探针分析结果见表 4-3。

表 4-3　辉石化学成分（质量分数，%）

样号	寄主岩					暗色微粒包体											
	1.4	1.5	1.8-1	1.8-2	7.7	3.1	3.2	3.4	3.4-1	3.4-2	3.4-3	6.4	6.5-1	6.5-2	6.8	7.2	7.5
SiO_2	50.99	50.14	50.63	53.13	51.82	49.53	51.42	53.84	40.85	53.26	47.47	51.36	51.06	50.30	49.99	49.84	48.90
TiO_2	0.07	0.04	0.11	0.12	0.00	0.07	0.08	0.01	17.69	0.26	0.27	0.10	0.04	0.08	0.07	0.02	0.02
Al_2O_3	0.60	3.16	1.08	0.84	0.91	6.97	1.51	2.16	1.43	1.66	2.84	0.61	0.76	1.40	0.44	1.02	0.57
TFeO	16.51	14.60	14.83	14.48	14.20	13.49	12.48	10.29	8.73	9.73	11.74	14.28	15.26	13.17	15.75	14.29	16.44
Cr_2O_3	0.00	0.01	0.03	0.00	0.03	0.01	0.02	0.05	0.04	0.00	0.03	0.05	0.09	0.00	0.01	0.09	0.02
MnO	1.02	0.98	0.89	0.86	0.82	0.73	0.67	0.50	0.31	0.53	0.52	0.90	0.83	0.89	0.84	0.85	1.12
MgO	8.09	8.58	8.90	9.03	8.76	9.79	10.78	10.88	7.00	11.42	11.22	9.87	9.76	9.80	8.32	8.62	8.44
CaO	22.81	22.45	22.10	21.84	22.43	20.42	21.80	21.06	22.38	22.57	20.61	22.73	21.66	21.64	23.07	22.39	21.46
Na_2O	0.37	0.35	0.59	0.47	0.32	0.31	0.37	0.85	0.26	0.49	0.54	0.29	0.33	0.37	0.17	0.35	0.39
Total	100.46	100.31	99.15	100.76	99.29	101.31	99.12	99.63	98.69	100.01	95.24	100.19	99.78	97.64	98.66	97.46	97.35
O=6																	
Si	1.978	1.926	1.972	2.017	2.003	1.855	1.972	2.016	1.601	1.995	1.899	1.975	1.974	1.971	1.973	1.974	1.963
Al(Ⅳ)	0.022	0.074	0.028	0.000	0.000	0.145	0.028	0.000	0.522	0.005	0.101	0.025	0.026	0.029	0.002	0.026	0.001
Al(Ⅵ)	0.005	0.069	0.022	0.037	0.041	0.163	0.040	0.096	0.000	0.068	0.033	0.002	0.009	0.036	0.000	0.022	0.000
Ti	0.002	0.001	0.003	0.004	0.000	0.002	0.002	0.000	0.522	0.007	0.008	0.003	0.001	0.002	0.002	0.001	0.001
Cr	0.000	0.000	0.001	0.000	0.001	0.000	0.001	0.001	0.001	0.002	0.001	0.002	0.003	0.000	0.000	0.003	0.001
Fe^{3+}	0.060	0.041	0.065	0.030	0.00	0.014	0.000	0.000	0.138	0.056	0.055	0.024	0.064	0.04	0.114		
Fe^{2+}	0.473	0.426	0.415	0.462	0.460	0.423	0.386	0.325	0.297	0.307	0.25	0.401	0.437	0.406	0.453	0.432	0.433
Mn	0.034	0.032	0.029	0.028	0.027	0.023	0.022	0.016	0.010	0.017	0.018	0.029	0.027	0.029	0.028	0.028	0.038
Mg	0.468	0.492	0.517	0.511	0.505	0.547	0.616	0.607	0.409	0.638	0.669	0.566	0.563	0.572	0.490	0.509	0.505
Ca	0.948	0.924	0.922	0.888	0.929	0.820	0.896	0.845	0.940	0.905	0.883	0.936	0.897	0.908	0.975	0.951	0.923
Na	0.028	0.026	0.045	0.034	0.024	0.022	0.027	0.062	0.020	0.036	0.042	0.022	0.025	0.028	0.013	0.027	0.030
Wo	47.16	47.60	46.27	46.20	47.75	44.68	45.68	45.55	56.07	47.60	44.16	46.59	44.79	46.14	48.21	47.85	45.17

续表4-3

样号	寄主岩					暗色微粒包体											
	1.4	1.5	1.8-1	1.8-2	7.7	3.1	3.2	3.4	3.4-1	3.4-2	3.4-3	6.4	6.5-1	6.5-2	6.8	7.2	7.5
En	23.27	25.32	25.92	26.56	25.96	29.80	31.44	32.73	24.40	33.52	33.44	28.14	28.09	29.06	24.19	25.61	24.72
Fs	28.18	25.72	25.57	25.46	25.04	24.30	21.49	18.37	18.33	17.00	20.29	24.20	25.88	23.37	26.94	25.18	28.63
Ac	1.38	1.35	2.24	1.78	1.25	1.21	1.39	3.33	1.20	1.87	2.11	1.08	1.24	1.42	0.65	1.36	1.48

注：Al(ⅳ)-四次配位铝；Al(ⅵ)-六次配位铝。

寄主岩中辉石的 $w(SiO_2)$ 介于 50.14% ~ 53.13% 间，平均值为 51.34%；$w(TFeO)$ 介于 14.20% ~ 16.51% 间，平均值为 14.92%；$w(MgO)$ 介于 8.09% ~ 9.02% 间，平均值为 8.67%；$w(CaO)$ 介于 22.18% ~ 22.81% 间，平均值为 22.33%；$w(NaO)$ 介于 0.32% ~ 0.59% 间，平均值为 0.42%。暗色微粒包体中辉石的 $w(SiO_2)$ 介于 40.85% ~ 53.84% 间，平均值为 49.71%；$w(TFeO)$ 介于 8.73% ~ 16.44% 间，平均值为 13.23%；$w(MgO)$ 介于 7.00% ~ 11.42% 间，平均值为 9.78%；$w(CaO)$ 介于 12.57% ~ 22.73% 间，平均值为 21.10%；$w(NaO)$ 介于 0.17% ~ 0.87% 间，平均值为 0.43%。可见，寄主岩辉石的 $w(SiO_2)$ 和 $w(TFeO)$ 含量略高于暗色微量包体，而 $w(MgO)$ 略低，两者 $w(CaO)$ 和 $w(NaO)$ 基本相似，钠的含量均很低，总体上来说暗色微粒包体和寄主岩中的辉石化学特征基本一致，尤其是正处于暗色微粒包体和寄主岩分界线附近的辉石，虽然处于不同的主岩中，但是主量元素含量高度一致。在 En-Fs-Wo 的辉石分类图解中(图4-9)中，寄主岩和暗色微粒包体的辉石均属于透辉石-钙铁辉石系列，前者主要位于次透辉石和低铁次透辉石的交界处，而后者主要位于靠近低铁次透辉石的次透辉石区。由 Harker 图解可知(图4-10)，虽然暗色微粒包体的 Mg#含量较寄主岩高，但是两者的 Mg#与 $w(CaO)$、$w(Al_2O_3)$ 和 $w(MnO)$ 间均具有良好的协变关系，其中 Mg#同 $w(CaO)$、$w(MnO)$ 呈反比，同 $w(Al_2O_3)$ 成正比。

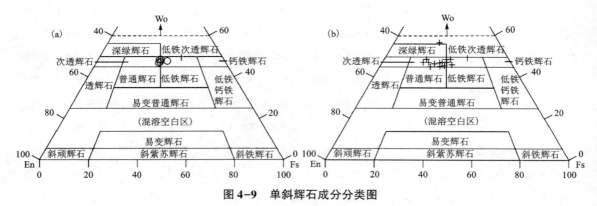

图4-9　单斜辉石成分分类图

(a)寄主岩；(b)暗色微粒包体

(底图据 Tröger et al，1971)(图例同图4-4)

寄主岩与暗色微粒包体中辉石的 $w(TiO_2)$ 很低，除1个点为 17.69% 异常高外，其余均小于1%，而两者的 $w(Al_2O_3)$ 平均值分别为 1.32% 和 1.99%，介于 1% ~ 3%，上述特征与岩

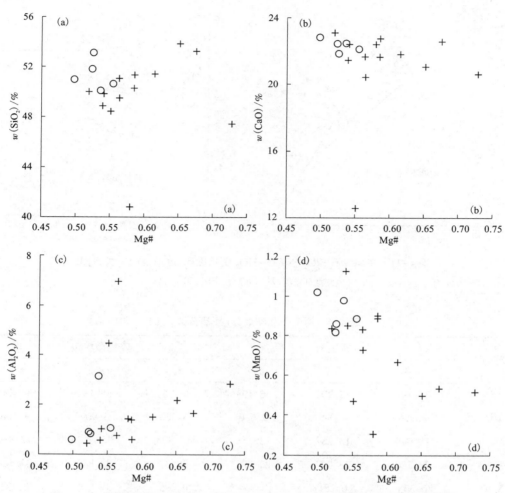

图 4-10　单斜辉石 Mg# 与 $w(SiO_2)$、$w(CaO)$、$w(Al_2O_3)$ 和 $w(MnO)$ 相关图

(图例同图 4-4)

浆岩类透辉石的化学成分特征一致(赖绍聪 等,2005)。寄主岩与暗色微粒包体的单斜辉石 $w(Fs)$ 均大于 10%,$w(Cr_2O_3)$ 介于 0.00% ~ 0.12% 间,远小于 0.5%,且主要为次透辉石,均反映了中低压单斜辉石的特点(邱家骧 等,1987)。低压的单斜辉石是玄武岩结晶的产物,而辉石的成分特征可判别玄武岩的类型(邱家骧 等,1987),图 4-11 所示为单斜辉石 SiO_2-Na_2O-TiO_2 关系图和 SiO_2-Al_2O_3 关系图。由图 4-11 可知,暗色微粒包体和寄主岩中的单斜辉石均指示玄武岩属于拉斑玄武岩系列中的亚碱性系列。

③黑云母。暗色微粒包体和寄主岩的黑云母电子探针分析结果见表 4-4。

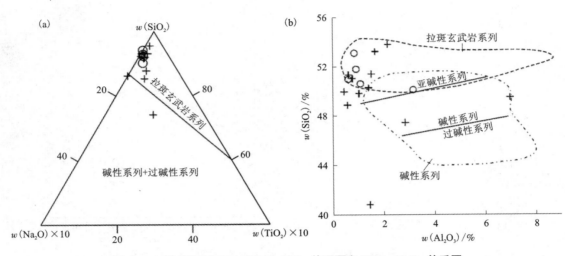

图 4-11   单斜辉石 SiO_2-Na_2O-TiO_2 关系图和 SiO_2-Al_2O_3 关系图

(底图据邱家骧 等,1987)(图例同图 4-4)

表 4-4   黑云母化学成分(质量分数,%)

样号	寄主岩			暗色微粒包体		
	1.3	1.7	1.8	3.3	4.1	6.3
SiO_2	34.798	37.204	36.198	36.768	35.134	34.483
TiO_2	3.966	4.099	3.686	3.560	3.909	4.166
Al_2O_3	13.649	13.282	13.158	12.803	12.453	12.887
TFeO	23.188	23.097	22.881	20.37	23.842	22.568
MnO	0.308	0.281	0.334	0.295	0.328	0.291
MgO	8.247	7.916	7.305	9.884	8.059	8.051
CaO	0.087	0.058	0.109	0.071	0.055	0.063
Na_2O	0.269	0.274	0.451	0.271	0.339	0.169
K_2O	8.887	9.614	9.267	9.158	9.464	9.226
Total	93.400	95.825	93.389	93.181	93.583	91.904
			O=11			
Si	2.7805	2.8846	2.8858	2.8946	2.8247	2.8044
Al(IV)	1.2195	1.1154	1.1142	1.1054	1.1753	1.1956
Al(VI)	0.0659	0.0983	0.1221	0.0825	0.0047	0.0396
Ti	0.2384	0.2391	0.2211	0.2108	0.2364	0.2549
Fe^{3+}	0.1878	0.2345	0.2190	0.2188	0.1393	0.1850
Fe^{2+}	1.3617	1.2632	1.3066	1.1223	1.4637	1.3500

续表4-4

样号	寄主岩			暗色微粒包体		
	1.3	1.7	1.8	3.3	4.1	6.3
Mn	0.0208	0.0185	0.0226	0.0197	0.0223	0.0200
Mg	0.9824	0.9150	0.8682	1.1600	0.9659	0.9761
Ca	0.0074	0.0048	0.0093	0.0060	0.0047	0.0055
Na	0.0417	0.0412	0.0697	0.0414	0.0528	0.0266
K	0.9059	0.9510	0.9425	0.9198	0.9707	0.9572
Total	7.8122	7.7655	7.7810	7.7812	7.8607	7.8150

寄主岩和暗色微粒包体的数据极为相似，所有黑云母的 $w(\text{TFeO})$ 介于 20.37% ~ 23.84%，$w(\text{Al}_2\text{O}_3)$ 介于 12.45% ~ 13.5% 间，$w(\text{TiO}_2)$ 值较高，介于 3.56% ~ 4.17% 间，$w(\text{MgO})$ 介于 7.31% ~ 8.25% 间。图 4-12 所示为云母分类图（底图据 Forster，1960）（a）和 $w(\text{TFeO})/[w(\text{TFeO})+w(\text{MgO})]-w(\text{MgO})$ 图解（底图据周作侠，1986）（b）。在图 4-12（a）中除一个暗色微粒包体的黑云母投影于镁质黑云母的区域外，其余均位于铁质黑云母的范畴。两者的 $n(\text{Fe}^{2+})/n(\text{Fe}^{2+}+\text{Mg})$ 分别介于 0.48 ~ 0.60 及 0.58 ~ 0.60 间，变化范围极小，说明黑云母未遭受后期流体的改造（Stone，2000）。黑云母的 M（镁质率）由公式 $[n(\text{Mg}^{2+})/n(\text{Mg}^{2+}+\text{Fe}^{2+}+\text{Mn}^{2+})]$ 算得，该值是区分深源花岗岩和浅源花岗岩的标志（刘志鹏 等，2012），除点 3.3 外，本区的寄主岩和暗色微粒包体黑云母的 M 均小于 4.2，表明其结晶深度较浅。在 $w(\text{TFeO})/[w(\text{TFeO})+w(\text{MgO})]-w(\text{MgO})$ 图解中 [图 4-12（b）]，寄主岩与暗色微粒包体均投影于壳源的范围内。$n(\text{TFe})/n(\text{TFe}+\text{Mg})$ 与结晶时的氧逸度密切相关（Kocak et al，2011；Neiva，1981；Barrière et al，1979），暗色微粒包体和寄主岩的 $n(\text{TFe})/n(\text{TFe}+\text{Mg})$ 分别介于 0.54 ~ 0.62 和 0.61 ~ 0.64 间，而在 $n(\text{Fe}^{3+})-n(\text{Fe}^{2+})-n(\text{Mg})$ 图解中 [图 4-13（a）]，所有点

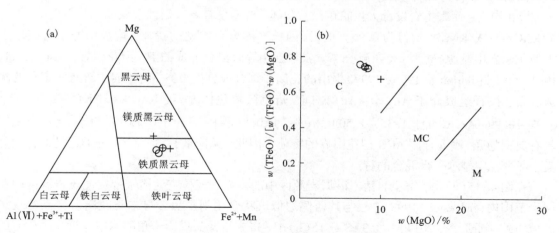

图 4-12　云母分类图（底图据 Forster，1960）（a）和
$w(\text{TFeO})/[w(\text{TFeO})+w(\text{MgO})]-w(\text{MgO})$ 图解（底图据周作侠，1986）（b）

（图例同图 4-4）C—壳源；MC—壳幔混合源；M—幔源

均处于 Ni-NiO(NNO)氧逸度缓冲区和石英-铁橄榄石-磁铁矿(QFM)氧逸度缓冲区的界限上，表明暗色微粒包体和寄主岩中黑云母结晶时均处于较低的氧逸度环境。Abdel-Rahman(1994)根据火成岩黑云母的主量元素划分出 3 种不同的结晶环境，本区暗色微粒包体和寄主岩中黑云母测点均投影于钙碱性造山带环境[图4-13(b)]。

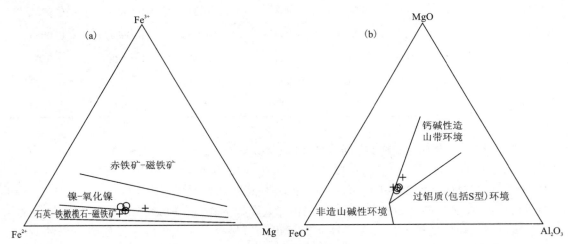

图 4-13　云母的 $n(Fe^{3+})$-$n(Fe^{2+})$-$n(Mg)$ 图解(a)和 $w(FeO^*)$-$w(Al_2O_3)$-$w(MgO)$ 图解(b)

(底图据 Wones et al, 1965；Abdel-Rahman, 1994)(图例同图4-4)

4.1.4　讨论

(1)花岗岩成因及构造环境

花岗岩有多种分类方案，其中 I、S、M、A 分类方案受到广泛应用。由花岗岩的成因类型判别图解(图4-14)和寄主岩 A/KNC<1.1(A/KNC 介于 0.83~1.03 间)的特征可知寄主岩属于 I 型花岗岩；而寄主岩发育大量暗色微粒包体、普遍发育具有熔蚀现象的斜长石(图4-8)、A/KNC≈1(A/KNC 平均值为 0.96)和花岗闪长岩的岩石类型的特征，均显示寄主岩接近于 I 型花岗岩中幔源(M 型)和壳源(S 型)岩浆近相等时混合形成的 H_{ss} 型花岗岩(Castro et al, 1991)。按照 Barbarin(1996, 1999)提出的花岗岩综合性分类方案，寄主岩中含有一定量的次透辉石、长石组成介于 $An_{29.39}$~$An_{47.04}$ 间、暗色微粒包体发育、KNC>A>NK(A/KNC 介于 0.97~0.99, A/NC 介于 1.35~1.50)、$n(Fe^*)$<0.8[$n(Fe^*)$介于 0.75~0.76]，显示寄主岩具有典型的壳-幔混合源 ACG 型花岗岩的特征。因此，无论是 I、S、M、A 分类还是综合性分类，寄主岩均显示壳幔混合的特点。

在图 4-15(a)中，寄主岩落入砂屑岩源区中的澳大利亚拉克兰褶皱带贫泥质岩源区的花岗岩范围内(Sylvester, 1998)，且与其西侧的似斑状含角闪石黑云母二长花岗岩样品的投影区域一致(刘凯 等, 2014)；而在图 4-15(b)中，寄主岩样品投影于角闪岩中靠近变杂砂岩的区域，且暗色微粒包体位于似斑状含角闪石黑云母二长花岗岩和寄主岩的延长线上，显示寄主岩偏离变杂砂岩和似斑状含角闪石黑云母二长花岗岩的范畴是由于在形成暗色微粒包体的过程中受到了基性端元的混染，使寄主岩中的镁铁含量升高。因此，寄主岩的源岩为变杂砂

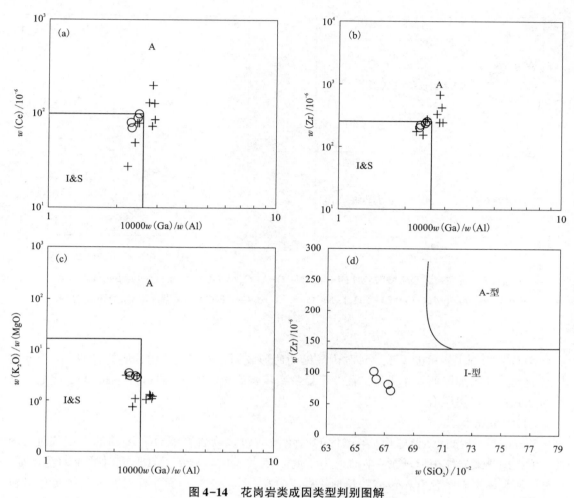

图 4-14　花岗岩类成因类型判别图解

（据 Whalen et al, 1987）（图例同图 4-4）

A, S, I 分别代表 A 型, S 型, I 型花岗岩

岩, 而后由于地幔基性物质的混染, 使其具有一定原岩为角闪岩的特征, 前文对辉石的研究表明, 这种幔源的基性岩浆为亚碱性的拉斑玄武岩。

在花岗岩的构造环境判别图（图 4-16）中, 与刘凯等（2014）所报道的紫云山复式岩体中另两种岩相的分析结果相似, 寄主岩与暗色微粒包体的样品点均投影于同碰撞构造环境中; 而通过变量 Hf-Rb-Ta 判别图解进一步将其界定为碰撞晚期或碰撞后期花岗岩; 同时本文中寄主岩和暗色微粒包体的黑云母同样显示形成于造山带环境。印支运动中, 东亚境内古特提斯洋的关闭导致华南壳体南北两侧发生碰撞作用, 华南壳体内部的扬子古壳体与华夏古壳体发生陆内碰撞与会聚, 拼合后由于受到相邻块体的挤压, 在拼合的薄弱地带将由于地壳加厚而形成碰撞造山（梁新权 等, 2005; Charvet et al, 1996）, 产生强烈的构造-岩浆作用和近 EW 向的褶皱及推覆作用（Faure et al, 2003; Hacker et al, 1998）, 属于板块构造围限下的陆内再造区（Wang et al, 2005; 张岳桥 等, 2009）, 是一种典型的中生代碰撞构造活化现象（Chen et

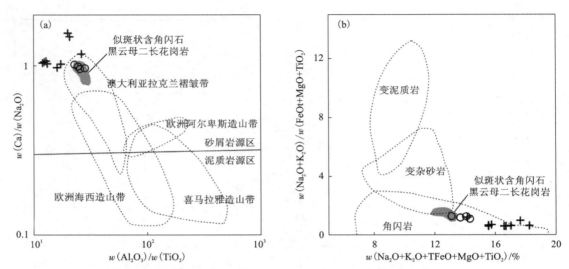

图 4-15　寄主岩和暗色微粒包体的 CaO/Na_2O-Al_2O_3/TiO_2 图解（a）（Sylvester，1998）和
（Na_2O+K_2O）/（$MgO+TFeO+TiO_2$）-$Na_2O+K_2O+MgO+TFeO+TiO_2$ 图解（b）（Douce，1999）

（图例同图 4-4）

al，2000）。而寄主岩可能由于这种陆内的缩短所形成的碰撞挤压造山环境的晚期，由于推覆构造引起陆壳的加厚而发生重熔，且由于早中生代软流圈的上涌（刘勇 等，2010），使地幔物质与地壳物质发生混合。

（2）形成状态

Vernon 等（1988）强调球形-半球形的暗色微粒包体为岩浆混合和流动的有利佐证，因此，紫云山复式岩体中以球形-半球形为主的暗色微粒包体显示了其形成时的流动性特征。此外，从整体上看暗色微粒包体的长轴具有定向性[图 4-2（a）]，并且有镰刀状的暗色微粒包体[图 4-2（e）]和具有拖尾[图 4-2（f）]及反向脉[图 4-2（g）]等现象的暗色微粒包体，均反映其在形成过程中的某个阶段曾经处于液态，并具有流动性。在研究区，常可发现在同一个区域有多个粒度、形态、成分等差异很大的暗色微粒包体，甚至在部分较大暗色微粒包体中还可包含小的暗色微粒包体，且两者相比较，内部暗色微粒包体的粒度可大可小[图 4-2（i）、（k）]，暗示这种叠加的现象不是其自身演化的结果。因此，该现象是由于暗色微粒包体处于液态，并在运动中因相对速度的差异，使得不同演化程度的暗色微粒包体移动到同一个区域，且部分大的暗色微粒包体偶然捕获小的暗色微粒包体造成的。综上所述，暗色微粒包体形成的某个阶段是处于液态并具有流动性。

（3）岩浆混溶

花岗岩中极少出现辉石，且以紫苏辉石为主，透辉石少见，并主要产于前寒武纪的变质岩中，紫云山复式花岗岩体为印支晚期的产物（刘凯 等，2014），且寄主岩中的辉石仅在靠近暗色微粒包体处发育，暗示该辉石应源于暗色微粒包体。在暗色微粒包体中存在大量的长石斑晶，这类斑晶的形态大小与寄主岩中的斑晶相似，且可见部分斑晶处于暗色微粒包体和寄主岩的界线上[图 4-2（h）]，而浑圆的石英斑晶也有发育[图 4-3（e）]，暗色微粒包体中的这

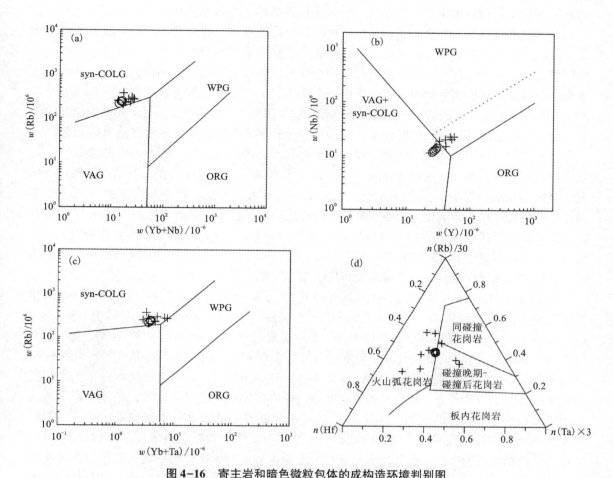

图4-16　寄主岩和暗色微粒包体的成构造环境判别图

(底图据 Pearce et al, 1984；Harris et al, 1986)

VAG—火山弧花岗岩；syn-COLG-同碰撞花岗岩；WPG—板内花岗岩；ORG—洋中脊花岗岩；

虚线—异常洋中脊(ORG)边界(图例同图4-4)

些矿物显然不是正常岩浆结晶的产物，而应该是从寄主岩中运移过来的产物；且在石英斑晶周围常环绕着一圈由辉石和黑云母组成的暗色矿物［图4-3(e)］，显示其早于辉石和黑云母结晶，这显然不符合鲍文反应序列的规律，同样证明了该观点。因此，暗色微粒包体与寄主岩间存在矿物的交换作用。在暗色微粒包体中有时可见到整块的寄主岩的物质，如图4-2(g)所示的反向脉和图4-2(i)所示在暗色微粒包体中呈弥散状分布的偏酸性物质，同样证实暗色微粒包体与寄主岩相互之间存在明显的机械混合作用(王德滋 等，2008)。

当与熔体达到平衡时，结晶出的单斜辉石平衡常数 $K_{dcpx} = [w(FeO)/w(MgO)]_{cpx}/[w(FeO)/w(MgO)]_{liq}]$（该式中 Cpx 为单斜辉石，liq 为熔体）应介于 0.2~0.4 间(Irving et al, 1984；Kinzler, 1997)，而本书中无论是暗色微粒包体还是寄主岩中单斜辉石的［$w(FeO)/w(MgO)$］值均介于14.62~28.44 间，而全岩的［$w(FeO)/w(MgO)$］值介于2.29~3.20，其比值远远大于0.4，且其富 Ca 而贫 Al 的特征说明这种异常不是由于"过冷却结晶效应"(铸石效应)造成的(郑学正 等，1978)，因此，这种 K_{dcpx} 异常高的现象是由于结晶出单斜辉石的岩浆同现在单斜辉石的主岩的化学成分明显不同造成的。当岩浆岩化学成分不断变化时，其内部早期已经结晶的矿物会发生侵蚀，矿物成分也将向着与当前岩浆岩成分平衡的方向转化（Vernon，1983，1984；Nelson et al，1992），在暗色微量包体和寄主岩中，辉石的边界明显呈浑圆状[图4-3（e）、（f）]，且暗色微粒包体中常出现的石英及长石斑晶和黑云母均具有熔蚀现象，同样显示与矿物平衡的岩体化学成分发生了较大变化；且两者的长石、辉石和黑云母均分别属于中长石、次透辉石-低铁次透辉石和铁质黑云母，全岩稀土、微量元素的配分曲线也相似，均显示两者具有相似的地球化学特征，暗示与矿物平衡的寄主岩和暗色微粒包体的成分在向着均一的方向发展，使得结晶出的矿物和全岩的成分相似。寄主岩中的部分斜长石具有明显的环带结构，由内到外其成分[$w(An)$]有显著变化，也说明在长石结晶过程中，与其平衡的岩浆成分发生了变化（Kocak，2006；Baxter et al，2002）：核部和边部的$w(An)$逐渐减小，这是岩浆在正常演化过程中，由于矿物的先后结晶，使剩余岩浆中酸性成分逐渐变多造成的；而在中部$w(An)$突然上升的反环带现象，则显示了存在外来偏基性物质的混入，造成岩浆成分的异常变化（刘志鹏 等，2012）。综上可知，无论是寄主岩还是暗色微粒包体中的矿物，在其结晶过程中，与之平衡岩浆的化学成分发生了明显变化。

在$w(FeOTFeO)-w(MgO)$图解中[图4-17（a）]，暗色微粒包体与寄主岩的投影点明显位于壳幔混合趋势线附近，且在$w(Na_2O)/w(CaO)-w(Na_2O)/w(CaO)$图解上[图4-17（b）]，两者的投影点具有较好的线性关系，显示明显的化学混合特征（李昌年 等，1997；曲晓明 等，1997），由暗色微粒包体和寄主岩的特征表明，这种混合作用是基性端元和酸性端元的混合。在全岩和辉石的 Harker 图解（图4-5、图4-10）上，暗色微量包体和寄主岩的投影点存在良好的协变关系，其成分朝着相互均一的方向发展，证实暗色微粒包体和寄主岩的化学成分存在相互混合的作用。无论是矿物或者全岩的主量元素的图解（图4-4、图4-5、图4-9 等），还是稀土、微量元素的配分曲线（图4-6），暗色微粒包体的投影点均较为分散，暗示其矿物结晶过程中，不断有外来化学物质的加入和混合，并对代表暗色微粒包体的偏基性端元的化学组成产生了明显的影响，导致其化学成分的变化不完全由矿物的分离结晶作用控制（Nardi et al，2000）；而由于代表寄主岩的偏酸性端元，其体积远远大于基性端元，因此在两者的混合过程中，虽然前者化学成分也有变化，但是远不如暗色微粒包体明显。地壳的$w(Nb)/w(Ta)$远低于原始地幔（Xiao et al，2006），寄主岩的$w(Nb)/w(Ta)$介于8.9～9.9间，平均值为9.27；暗色微粒包体$w(Nb)/w(Ta)$介于7.4～15.7间，平均值为12.68，寄主岩明显低于暗色微粒包体而接近于原始地幔，暗示两者具有不同的物质来源。因此，以上地球化学特征均证实形成暗色微粒包体时，来源不同的偏基性岩浆和偏酸性岩浆有明显的物质成分交换混合的特征。$w(Th_N)/w(Yb_N)-w(Nb_N)/w(Th_N)$图解（图4-18）可以模拟两种不同端元相互混合时成分变化情况，由于未受化学成分混合的偏基性和偏酸性端元均已经无法获得，故选择$w(Th_N)/w(Yb_N)$值最小的暗色微粒包体和Th_N/Yb_N值最大的寄主岩作为两个端元进行拟合，如图4-18所示，绝大部分样品点均投影于拟合线附近，反过来证明了两种成分不同的岩浆相互间发生了物质的交换。寄主岩和暗色微粒包体主量、微量元素表现出明显的壳幔混合的特征，且两者中的辉石来源于拉斑玄武岩系列中的亚碱性系列，说明这个基性端元应来自地幔。

（4）两期结晶环境

暗色微粒包体的边界，常常发育有淬火结构的冷凝边，这种现象暗示结晶时存在淬冷的

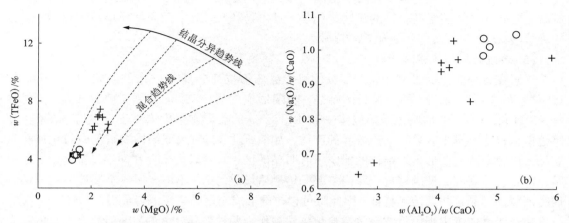

图 4-17　$w(MgO)-w(TFeO)$ 图（底图据 Zorpi, 1989）和 $w(Al_2O_3)/w(CaO)-w(NaO)/w(CaO)$ 图

（图例同图 4-4）

快速结晶环境（谢银财 等, 2013）；而部分暗色微粒包体缺失这种结构可能是由于具有冷凝边的原始暗色微粒包体被破坏形成大量的缺乏冷凝边的小暗色微粒包体（Kocak et al, 2011），或被后期缓慢结晶过程重结晶所掩盖造成的（Wall et al, 1987）。磷灰石的晶形与结晶温度及速度密切相关，其中长柱状-针状的磷灰石被认为代表一种快速结晶的过程（Wyllie et al, 1962），紫云山复式岩体中暗色微粒包体的磷灰石主要出现在石英及长石晶体内部，并

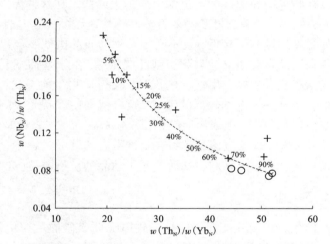

图 4-18　$w(Th_N)/w(Yb_N)-w(Nb_N)/w(Th_N)$ 图解

（图例同图 4-4）

明显具有长柱状-针状和短柱状两种晶体类型［图 4-3(f)］，长柱状-针状的磷灰石再次证明了暗色微粒包体结晶时经历了快速结晶的过程，而短柱状的磷灰石证明还存在另一期缓慢结晶的环境。

　　在包体中还存在具双层结构的暗色矿物团块［图 4-3(e)］，内层由显微晶质结构的辉石和少量黑云母组成，外侧为显晶质结构的辉石和少量黑云母，通过电子探针的研究发现内外侧辉石成分相似（表 4-2 中的 4.4、4.4-1、4.4-2 及 4.4-3 测点），在图 4-10 和图 4-12 中均投影于相同区域或者具有一致的演化趋势（内部辉石电子探针测试的总含量常只有 95% 左右，应该与其粒度较小有关）；而黑云母和辉石的粒度普遍存在于粒度远大于本身的长石或石英颗粒中，形成包晶（嵌晶）结构。这两种现象，反映了多期的结晶环境（Hibbard, 1991），且早期为快速结晶，矿物颗粒小，而晚期为缓慢结晶，故颗粒较大。

因此，在暗色微粒包体具有两期结晶环境，早期温度变化大，为淬冷快速结晶的状态，辉石、黑云母等结晶温度较高的矿物先结晶，且矿物颗粒较小；而晚期环境较为稳定，结晶较为缓慢，长石、石英等浅色矿物粒度较大。

（5）暗色微粒包体成因探讨

岩浆在分异演化的过程中，大多数的稀土元素倾向于富集于残余的岩浆中（Humphris，1984），而对于 Eu 来说，随着长石的结晶，晚期形成的岩体 Eu 的负异常将强于早期（付强等，2011），本次研究的暗色微粒包体中 ΣREE 及 Eu 的负异常强度均高于寄主岩，故可排除暗色微粒包体为寄主岩早期结晶分异的产物。如前所述，具有火成结构的暗色微粒包体与具有黑云母定向排列或似角岩结构的捕虏体有明显的区别；同时由于存在两期结晶环境，如果暗色微粒包体是围岩捕虏体进入花岗岩部分熔融后形成的话，不可能形成早期淬冷快速结晶而晚期缓慢结晶这两期结晶特征，因此暗色包体的形成应该是岩浆混合成因。

在花岗岩体中出现大量的暗色微粒包体常被作为两种差异巨大的岩浆岩相互混合的标志（Wiebe，1996；Vernon，1984）。当酸性端元开始冷凝并形成了部分石英、长石斑晶时，有基性端元注入；由于基性端元温度较高，酸性端元温度较低，使基性端元出现淬冷的结晶环境，所以在暗色微粒包体的边部常出现淬火结构。在这种淬冷的环境下，基性端元中结晶温度较高的，如辉石、黑云母及磷灰石等矿物快速结晶。在基性端元与酸性端元混合的过程中，两者的温度逐渐趋于接近，且不断地发生物质的机械混合和化学混合作用。酸性端元中早期结晶的长石及石英斑晶运移到了基性端元中，由于基性端元的温度较高，且斑晶所处的化学成分发生了变化，故发生熔融的现象，使得矿物呈浑圆状；而熔融过程为吸热过程，故在石英周围会出现一个温度较低的区域，这样就促使辉石为主的暗色矿物在其周围冷凝，造成石英被暗色矿物包围，形成齿冠结构［图 4-3（c）］。在靠近暗色微粒包体的寄主岩中常可见到辉石颗粒，这种现象应该是辉石在基性端元的结晶过程中，基性端元与酸性端元不断混合，最终被后者同化，而早期在基性端元中结晶的矿物颗粒（如辉石）就散落到了寄主岩中。

4.1.5　小结

1）紫云山复式花岗岩体是在碰撞晚期或碰撞后期由地壳变杂砂岩源区的重熔物质与在地幔形成的亚碱性拉斑玄武岩混合形成，属于 I 型中的 H_{ss} 型花岗岩和 ACG 型花岗岩。

2）紫云山复式花岗岩体中的暗色微粒包体可以分为两类：一类分布较少，具有黑云母定向性排列的片麻状构造，或者矿物颗粒呈近等粒镶嵌接触的似角岩结构，该类型暗色微粒包体为捕虏体就地同化混染而形成的；另一类形态具有明显的流动性，和火成结构，暗色矿物以辉石为主；

3）暗色微粒包体与寄主岩的全岩地球化学特征相似，虽然前者较后者贫硅而富钠，但是两者具有良好的混合演化关系；稀土、微量元素的配分曲线极为相似，显示了极强的亲缘关系，而 $w(Nb)/w(Ta)$ 的明显区别，又暗示两者具有不同的物质来源。

4）暗色微粒包体与寄主岩中长石、辉石、黑云母的矿物成分相似，分别为中长石、次透辉石-低铁次透辉石、铁质黑云母，并具有良好的演化关系；寄主岩的部分斜长石具有反环带结构，证明其结晶环境发生了明显的变化；通过辉石矿物地球化学得到基性端元原始为亚碱性的拉斑玄武岩，形成于钙碱性造山带环境；而黑云母结晶时深度较浅、氧逸度较低，且其物质来源主要表现为壳源。

5）具有火成结构的暗色微粒包体具有以下特点：①形成时为液态并具有流动性；②其与寄主岩存在明显的机械及化学混合作用；③具有早期淬冷快速结晶、晚期缓慢结晶这两期结晶环境。说明这种暗色微粒包体形成于岩浆混合，是酸性端元开始结晶时，来自地幔的基性端元侵入其中，在两者不断地发生物质混合的过程中形成的。

4.2　矿区花岗闪长斑岩

4.2.1　岩相学特征

根据矿区资料显示，工作区内的花岗闪长斑岩岩体应属于印支期的侵入岩。矿区地表出露岩脉 1 条，而坑道揭露 2 条。本次研究针对 70 中段 48—50 线之间及 10 中段 107 沿脉两处岩体，采取剖面法进行系统采样（如图 4-19），旨在研究花岗闪长斑岩的地质地球化学特征及其与金成矿作用的关系。

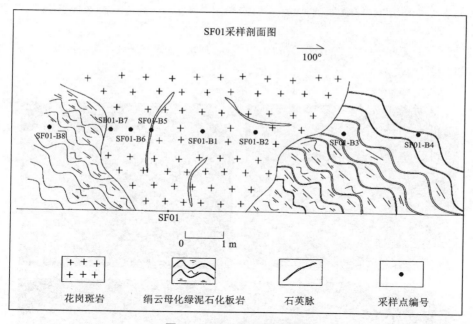

图 4-19　SF01 采样剖面图

坑道中所见岩体宽度数米至 10 余米，与围岩接触面呈不规则状起伏，总体较陡，围岩为钙质板岩。从岩体中部至围岩，斑晶含量逐渐减少，以长石为主（见图 4-20）。

花岗闪长斑岩呈灰黑-灰绿-暗黑色，斑状结构，块状构造。斑晶质量分数约 45%，斑晶主要为石英（质量分数约 15%）、斜长石（质量分数约 20%）和黑云母（质量分数约 10%）。石英为它形粒状结构，粒径为 0.2~4 mm；斜长石，半自形-自形结构，粒径主要集中在 0.8~2.5 mm，绢云母化强烈；黑云母，多仍保留半自形-自形结构的轮廓，但已发生严重溶蚀现象，少量发生绿泥石化，可见绿泥石墨水蓝异常干涉色。基质成分与斑晶基本一致，但由于蚀变作用，多变为绿泥石、绢云母和黏土矿物等（图 4-21）。副矿物主要为磁铁矿（不规则，

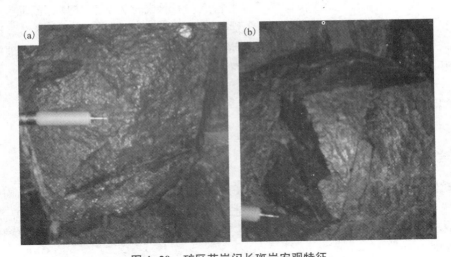

图 4-20　矿区花岗闪长斑岩宏观特征

（a）岩体中部花岗闪长斑岩，可见斑状结构；（b）岩体东侧边部花岗闪长斑岩，斑晶含量减少

黑色）、锆石（短柱状，约 0.1 mm×0.3 mm，干涉色鲜艳）、磷灰石（不规则六边形等，粒径约 0.2 mm）等。

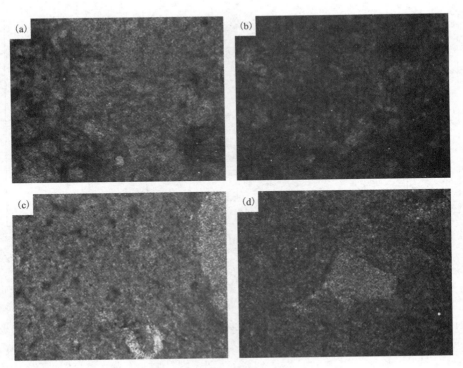

图 4-21　花岗斑岩镜下特征

（a）岩体中部绢云母化花岗闪长斑岩，单偏光；（b）岩体中部绢云母化花岗闪长斑岩，正交偏光；

（c）岩体边部绢云母化花岗闪长斑岩，单偏光；（d）岩体边部绢云母化花岗闪长斑岩，正交偏光

4.2.2 岩石化学特征

（1）主量元素

对采集的样品进行主、微量元素测试，其中 SF01-B1 ~ SF01-B4、SF01-B6 ~ SF01-B8 分别为连续采样序列，主量元素含量见表 4-5。

表 4-5　包金山矿区花岗闪长斑岩主量元素特征（质量分数，%）

样号	SF01-B1	SF01-B2	SF01-B3	SF01-B4	SF01-B6	SF01-B7	SF01-B8	BJJ-300	BJJ-332
描述	岩体中部岩石	边部少斑岩石	强蚀变岩石	边部无斑岩石	岩体中部岩石	边部少斑岩石	边部无斑岩石	强蚀变岩石	弱蚀变岩石
SiO_2	65.85	63.94	60.42	61.16	67.59	65.46	61.71	66.70	66.10
TiO_2	0.57	0.61	0.61	0.65	0.57	0.58	0.67	0.58	0.57
Al_2O_3	14.35	14.66	13.77	14.46	14.70	14.74	14.71	14.55	14.95
Fe_2O_3	3.98	3.93	5.29	6.66	3.80	3.92	6.73	4.09	4.01
As_2O_3	0.06	<0.01	<0.01	<0.01	0.07	0.13	<0.01	0.03	<0.01
MnO	0.07	0.06	0.10	0.07	0.05	0.07	0.10	0.06	0.09
MgO	1.36	1.66	2.85	2.66	1.38	1.53	2.24	1.42	1.40
CaO	2.65	3.39	5.28	3.30	1.64	2.92	3.83	2.60	3.04
Na_2O	2.95	2.67	0.77	1.40	3.14	3.02	1.86	3.13	3.24
K_2O	3.79	3.82	3.80	3.53	3.95	3.77	4.04	3.15	3.22
P_2O_5	0.14	0.14	0.07	0.06	0.14	0.14	0.05	0.14	0.14
SO_3	0.30	0.01	0.02	0.02	0.11	0.22	0.23	0.13	0.04
NiO	<0.01	<0.01	<0.01	<0.01	<0.01	<0.01	0.01	<0.01	<0.01
CuO	<0.01	<0.01	0.01	<0.01	<0.01	<0.01	<0.01	<0.01	<0.01
CoO	<0.01	<0.01	<0.01	<0.01	<0.01	<0.01	<0.01	<0.01	<0.01
Cr_2O_3	<0.01	0.01	0.02	0.02	0.01	0.01	0.02	0.01	0.01
BaO	0.07	0.08	0.11	0.13	0.06	0.06	0.20	0.06	0.06
Cl	<0.01	<0.01	<0.01	<0.01	<0.01	<0.01	<0.01	<0.01	<0.01
PbO	0.01	<0.01	<0.01	<0.01	<0.01	<0.01	0.01	<0.01	0.01
SnO_2	0.01	0.01	0.01	0.01	0.01	0.01	0.01	0.01	0.01
SrO	0.02	0.02	0.02	0.01	0.02	0.02	0.02	0.02	0.02
V_2O_5	0.01	0.01	0.02	0.02	0.01	0.01	0.02	0.01	0.01
ZnO	0.01	0.01	0.01	0.01	0.01	0.01	0.01	0.01	0.01

续表4-5

样号	SF01-B1	SF01-B2	SF01-B3	SF01-B4	SF01-B6	SF01-B7	SF01-B8	BJJ-300	BJJ-332
ZrO_2	0.03	0.03	0.02	0.02	0.03	0.03	0.02	0.02	0.03
LOI	4.08	4.32	6.60	4.81	2.42	3.31	4.17	3.37	3.80
Total	100.30	99.38	99.81	99.00	99.70	99.97	100.65	100.10	100.75
DI	75.93	72.58			80.47	74.72		75.81	74.69

测试单位：广州澳实矿物实验室。

由于岩体经历了低绿片岩相变质作用，故在使用测试数据之前需对元素活动性进行研究。本次研究样品除 SF01-B3 的烧失量较高（LOI = 6.60），其与样品的烧失量均较低（LOI 介于 2.42 ~ 4.81）。Polat 等（2003）研究指出当样品的烧失量过大（LOI > 6%）时，则样品受后期蚀变或其他热事件影响较大。结合 SF01-B3 的岩相学特征可知，该样品的确受后期蚀变影响强烈，推测其原岩仍为花岗闪长斑岩，但因蚀变过强，后续作图分析不用该组数据。

由表4-5 中数据可知，岩体 SiO_2 含量介于63.94% ~ 67.59%，除一个样品属于中性岩外，其余均为酸性岩；TiO_2 含量低且稳定，为0.57% ~ 0.61%；全碱（Alk = $N_2O + K_2O$）含量介于6.28% ~ 7.09%之间，均值为6.64%。岩体 Al_2O_3 含量在14.35% ~ 14.95%之间，均值为14.66%，A/KNC[$n(Al_2O_3)/n(CaO + Na_2O + K_2O)$]介于1.00% ~ 1.18%之间，均值为1.06%；A/NC[$n(Al_2O_3)/n(CaO + Na_2O)$]由图3-22(a)可知，均属于过铝质的范畴。另外，除一个样品落在 S 型花岗岩外，其余样品均属于 I 型花岗岩的范畴。$w(Na_2O)/w(K_2O)$值介于0.70 ~ 1.01，除个别样品外总体贫钠富钾。样品里特曼组合指数在1.62 ~ 2.00之间，平均值为1.87，均小于3.3，显示样品为钙碱性。这与图4-22(b)中样品的 MALI-$w(SiO_2)$[其中 MALI 表示 $w(Na_2O) + w(K_2O) - w(CaO)$]图解的结果是一致的。在全碱-硅($SiO_2$)图解中[图4-22(c)]，样品均落在花岗闪长岩的范畴，与野外及镜下观察基本一致。在 $w(SiO_2)$-$w(K_2O)$图解中[图4-22(d)]中，可见样品均落在高钾钙碱性系列中，与前述计算结果相一致。岩体分异指数（DI）变化范围为72.58 ~ 80.47，均值为75.70，分异指数较高，表明分离结晶作用比较强烈，分异比较充分，酸性程度较高。

（2）微量元素及稀土元素

本次研究中对两个花岗闪长斑岩（BJJ-300，BJJ-332）进行了全套微量元素及稀土元素测试分析，测试数据及分析结果见表4-6，并做出稀土元素球粒陨石标准化蛛网图及微量元素原始地幔标准化蛛网图（图4-23）。

分析可知，矿区花岗闪长斑岩中稀土含量中等，介于172.92 ~ 183.45 μg/g之间，均值为178.19 μg/g；LREE/HREE 值为8.30 ~ 9.03，均值为8.67；$w(La_N)/w(Yb_N)$为10.19 ~ 11.08，均值为10.64；δEu 为0.53 ~ 0.55，均值为0.54，属于中等负铕异常，可能暗示岩浆结晶过程中存在斜长石的结晶分馏作用；δCe 为1.02 ~ 1.03，均值为1.025，基本无异常，可能说明在结晶分异过程中还原作用强于氧化作用。结合图4-23(a)可知，矿区花岗闪长斑岩体稀土元素配分曲线为右倾，轻稀土富集，轻重稀土分异程度略高。在轻稀土一侧为向右陡倾的曲线，重稀土一侧为几乎水平的曲线，表现出轻稀土分馏明显，重稀土分馏不明显的特征。两条曲线几乎重合，显示矿区花岗闪长斑岩脉演化特征具有一致性。

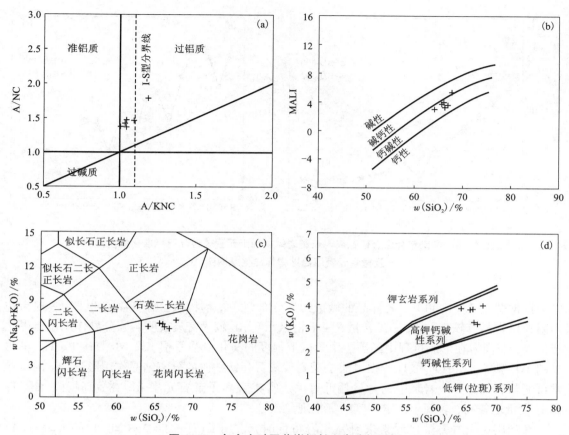

图4-22 包金山矿区花岗闪长斑岩分析图解

表4-6 包金山矿区花岗闪长斑岩稀土微量元素含量(μg/g)

样号	V	Cr	Ga	Rb	Sr	Y	Zr	Nb	Sn	Cs	Ba	Hf	Ta
BJJ-300	58	40	18.9	152.5	163.0	27.4	265	13.6	9	14.55	542	6.8	1.3
BJJ-332	57	30	19.8	183.0	156.5	27.8	212	13.0	9	15.65	506	5.6	1.3

	W	Th	U	La	Ce	Pr	Nd	Sm	Eu	Gd	Tb	Dy	Ho
BJJ-300	7	26.6	7.11	41.4	78.4	8.60	30.0	5.79	0.97	5.35	0.83	4.73	1.02
BJJ-332	9	23.9	6.61	38.5	73.5	8.00	27.5	5.82	1.00	5.34	0.81	4.90	1.01

	Er	Tm	Yb	Lu	∑REE	LREE	HREE	LREE/HREE	$w(La_N)/w(Yb_N)$	δEu	δCe
BJJ-300	2.79	0.44	2.68	0.45	183.45	165.16	18.29	9.03	11.08	0.53	1.02
BJJ-332	2.95	0.46	2.71	0.42	172.92	154.32	18.60	8.30	10.19	0.55	1.03

测试单位:广州澳实矿物实验室

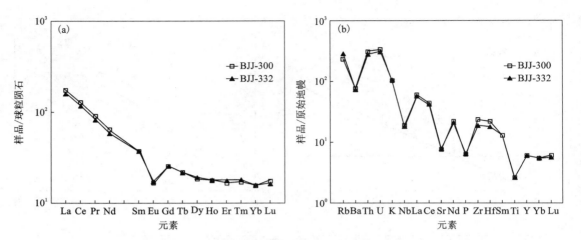

图4-23 湖南包金山金矿花岗闪长斑岩体中稀土元素球粒陨石标准化蛛网图(a)
及微量元素原始地幔标准化蛛网图(b)

根据图4-23(b)可知,各样品的微量元素分布型式基本相似,属于右倾曲线。表现为花岗闪长斑岩具有较高的 Rb、Cs 含量,强不相容元素 Rb 较为富集表明岩浆分异作用进行得比较彻底,花岗岩在形成过程中经历了中等偏上程度的演化。强亏损 Ba、Nb、Sr、P、Ti,呈明显的"V"型谷,其中 P 和 Ti 亏损可能是受到磷灰石和钛铁矿的分离结晶作用影响;Sr 的负异常可能与岩浆分异或岩浆中钙含量偏低有关。富集大离子亲石元素 Rb、K;高场强元素 Th 和 U 含量也较高,表现出一定程度的富集现象。

在利用花岗岩类微量元素来研究成岩特性时,常用 $w(Nb^*) = 2w(Nb_N)/w(K_N + La_N)$, $w(Sr^*) = 2w(Sr_N)/w(Ce_N + Nd_N)$, $w(P^*) = 2w(P_N)/w(Nd_N + Hf_N)$, $w(Ti^*) = 2w(Ti_N)/w(Sm_N + Tb_N)$ 参数值来探讨成岩物质来源及岩体之下的地幔特性;用 $w(Zr^*) = 2w(Zr_N)/w(Sm_N + Tb_N)$, $w(Hf^*) = 2w(Hf_N)/w(Sm_N + Tb_N)$, $w(K^*) = 2w(K_N)/w(Ta_N + La_N)$ 参数值探讨成岩物质来源,成岩所处的构造环境及岩下的地幔特性(Wilson, 1989)。矿区花岗闪长斑岩 $w(Nb^*)$ 均值为 0.225, $w(Sr^*)$ 平均为 0.235, $w(P^*)$ 均值为 0.31, $w(Ti^*)$ 均值为 0.26,其值均小于1,表明花岗闪长斑岩成岩物质主要来源于地壳,岩体之下为贫钛的亏损地幔;岩体 $w(Zr^*)$ 均值为 2.06, $w(Hf^*)$ 均值为 1.94, $w(K^*)$ 均值为 2.355,其参数值均大于1,同样表明岩体成岩物质主要来源于下地幔,且同化混杂幔源物质,岩体之下为亏损地幔。

(3)岩浆活动对围岩的影响

岩浆活动必然对其接触的围岩发生反应,并对成矿作用具有不同程度的影响。为了研究包金山金矿床晚期花岗闪长斑岩脉对围岩及成矿的作用,特选取两个地质剖面(70 m 中段的 SF01 剖面及 10 m 中段的 SF03 剖面)进行详细研究。对这两个剖面进行有目的的连续采样(采样点见图4-24 和图4-25),并对采取的样品进行主量、微量等测试分析,部分微量元素分析数据见表4-7。

表 4-7 包金山金矿床 SF01 及 SF03 剖面样品部分微量元素测试数据 (μg/g)

样号	Au	As	Ba	Be	Cu	P	Pb	Sb	W	Zn
SF01-B1	0.014	429	540	2.9	13	630	40	5	20	59
SF01-B2	0.005	35	620	3.1	10	620	25	11	10	56
SF01-B3	0.005	21	920	2.1	52	300	15	9	20	70
SF01-B4	0.005	10	1130	2.0	46	270	9	5	10	92
SF01-B6	0.009	500	490	3.1	9	630	36	9	10	59
SF01-B7	0.011	1000	520	3.2	28	640	43	18	10	63
SF01-B8	0.005	20	1640	2.6	1	220	6	7	10	50
SF03-B1		18	490	3.3	21	620	37	9	<10	57
SF03-B2		16	490	3.2	25	620	38	10	<10	56
SF03-B3		13	510	2.5	18	620	31	11	10	58
SF03-B4		316	810	2.5	21	620	26	12	10	58
SF03-B5		26	1700	2.3	159	340	8	13	<10	116
SF03-B6		13	1610	2.1	31	310	9	10	10	76

　　根据野外地质情况及测试数据分别作出如图 4-24 和图 4-25 所示的两个地质地球化学剖面图。由图 4-24 可知 Au 在花岗闪长斑岩及附近钙质板岩中含量均不高，但岩体中含量明显多于围岩中，且 Au 含量与 As 大致存在正相关关系；Be 的含量也符合岩体中高于围岩的规律；Cu、Pb、Zn 等成矿元素主要富集在接触带附近，Sb 主要集中在接触带附近的岩体中，元素 W 的含量均很低，有的刚刚达到检测限，元素分布规律似不明显，说明 W 的成矿与晚期岩浆活动关系不大；岩体中 P 的含量显著高于围岩，而 Ba 刚好与之相反。另外，由表 4-5 可知，从岩体至围岩，SiO$_2$ 含量逐渐降低，TiO$_2$ 含量有轻微上升趋势，K$_2$O 含量升高，Na$_2$O 含量降低。

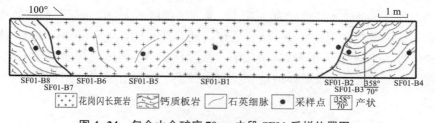

图 4-24 包金山金矿床 70 m 中段 SF01 采样位置图

　　图 4-25 中 SF03 剖面图可见 Be 主要赋存在围岩中，岩体中含量较低，Cu 和 Zn 主要集中在接触带附近的围岩中，而 Pb 则主要分布在岩体中，从岩体至围岩含量开始降低，Sb 的含量基本保持不变，仅接触带处略有增加，As 含量在接触带处陡增，两侧含量较低，P、Ba 的分布情况同 SF01 剖面。

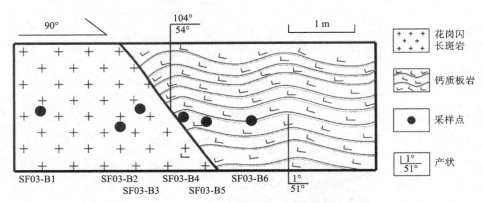

图 4-25   包金山金矿床 10 m 中段 SF03 采样位置图

4.2.3   讨论

（1）岩石成因简析

前述已对该花岗闪长斑岩脉作了岩相学及地球化学特征分析。矿区晚期花岗闪长斑岩主要为过铝质的 I 型花岗岩，仅有一件样品落在 S 型花岗岩区域，稀土元素具有中等负铕异常。故矿区花岗闪长斑岩岩浆来源主要为幔源及下地壳。从特征参数 Nb*、Sr*、P* 及 Ti* 均小于 1，Zr*、Hf* 及 K* 均大于 1 的特点也可以得出相同的结论。因此，根据地质和地球化学特征可知，矿区花岗闪长斑岩脉为壳幔混溶型花岗岩体，是壳幔物质不同程度混溶的产物。对比斑岩脉与紫云山岩体的特征和成因，两者有很强的相似性，可能反映了岩浆活动的同源性。

（2）成矿元素特征及与成矿的关系

矿区花岗闪长斑岩中稀土含量中等，介于 172.92～183.45 μg/g 之间，均值为 178.19 μg/g，低于一般花岗岩稀土元素总量（刘继顺 等，2012）。成矿元素 Au 的含量分布范围为 5～14 ng/g，是中国陆壳 Au 丰度（2.25 ng/g）（黎彤，1994）的 2.2～6.2 倍；Sb、Pb 和 W 的含量分别是中国陆壳丰度的数倍至数十倍，Cu 和 Zn 均低于中国陆壳丰度。这可以说明晚期花岗闪长斑岩具有一定的含矿性，对成矿并非没有关系，只是岩体规模不大，很难起到重要的作用。

根据岩石成因及成矿元素特征，结合岩浆活动对围岩的影响，可知在岩体与围岩的接触带附近，矿化明显优于普通围岩或岩体中心。故总体而言，岩体对成矿具有一定的叠加改造作用，为成矿物质活化运移及矿体的进一步富集提供了热量和能量，亦可能提供了极少量的成矿物质。

第5章
矿床地质与地球化学特征

研究区主要金矿包括铃山(金坑冲)金矿和包金山金矿,两者东西相连,产于紫云山岩体北部,距岩体水平距离构成一个东西向的矿带,受矿区 F9 断层的控制。

5.1 矿体地质

5.1.1 矿体形态产状及规模

(1)金坑冲矿床

金坑冲矿床金矿体受破碎蚀变岩带 CF1(F7)、CF5(F9)控制,矿体赋存于 CF1、CF5 构造破碎带及其上下盘次级构造中。矿体的形态产状也与破碎蚀变岩带基本相一致,走向 265°~296°,倾向北,倾角 45°~67°,上陡下缓,斜交切割了地层。CF1、CF5 号破碎蚀变岩带发育矿段内 15—30 线,两者于东端撒开,延深较浅,往西逐渐收敛,已控制延深大于 500 m,CF1 发育于 CF5 号带上盘,两者水平相距一般为 50~60 m。CF1 号带地表自 15 线西延至 14 线后在地表以下深部直至 30 线仍然存在,走向长大于 1000 m。CF5 号带在矿段内自 15 线至 30 线全长大于 1200 m,26—30 线为后期北北东向断层切错。CF1 号带除主带外,尚在其下盘出现 CF1-1、CF1-2、CF1-3 等次级分枝岩带(我们研究后认为是与包金山矿段相似的一组含矿层间破碎带)。矿体在走向和倾向上舒缓弯曲,呈似层状、板脉状、透镜状产出,总体具向北西侧伏的规律,Ⅰ号矿体侧伏角为 30°~40°,Ⅴ号主矿体侧伏角 50°~65°,且其间无矿天窗发育。矿体与围岩没有明显的界线,矿化在构造结合、产状变化部位富集,具硅化、黄铁矿化、绢云母化等多种蚀变的叠加和金属硫化物发育的特征。

①Ⅰ号矿体。

赋存于 11—4 线,往深部一直延伸至 14 线附近。地表出露最高标高 216 m,最低标高 134 m,矿体延深控制最低标高 -22.02 m(4/ZK2),为矿山以往浅部开采的主要地段。地表品位为 7.23 g/t,厚度 1.35 m,坑道品位 8.57 g/t,厚度 1.88 m,深部钻孔品位 5.09 g/t,厚度 2.04 m,矿体品位与厚度在走向上变化不是很大,往深部品位有降低趋势。矿体厚度变化系数为 73%,品位变化系数(含特高品位)为 214%,剔除特高品位为 171%,特高品位样数概率为 3.4%。因此,厚度变化较稳定,特高品位对品位变化系数影响极大,而特高品位所占概率很小。于 0—4 线间的浅部(90 中段以上)存在一个富矿段,平均品位为 13.37 g/t,平均厚度为 0.91 m。

地表控制走向长 437 m，最大垂深控制 174 m，侧伏斜长 520 m，90 中段矿体连续性稍差，致使矿体底界形成齿状弯曲，90CM0 无矿段长 40 m，90 中段以下，矿体走向长度急剧减小，但据 4/ZK2 孔见矿情况，矿体向下延伸尚未封边。矿体上部被剥蚀较大，矿体规模原貌难以估计。圈定计算矿石储量 166713 t，金金属量 1422 kg，平均品位 8.53 g/t，平均厚度为 1.96 m。由 TC928、160CM7、LD5、90CM1、4/ZK2 等工程控制了矿体往西弧形侧伏的品位、厚度最佳核心部位。

② Ⅴ号矿体。

赋存于 6—18 线，往深部一直延伸至 26 线附近。地表出露最高标高 174 m，最低标高 152 m，矿体延深控制最低标高 -129.21 m（14/ZK3）。地表品位 5.35 g/t，厚度 2.41 m，坑道品位 7.75 g/t，厚度 1.25 m，深部钻孔品位 8.09 g/t，厚度 2.24 m 于 14/ZK2 出现两个特高品位，分别为 140.06 g/t 和 419.26 g/t，品位厚度在走向上变化不是很大。往深部品位总体有降低趋势，但在 14/ZK2 孔附近有富矿段存在。矿体厚度变化系数为 58%，属较稳定，品位变化系数，含特高品位为 399%，剔除特高品位为 93%，特高品位样数概率为 3.9%。因此，特高品位影响较大，总的厚度变化较Ⅰ号矿体稳定，品位比Ⅰ号矿体变化大。

地表控制走向长 80 m，并于 TC58—TC213 间与 Ⅴ-1 号矿体呈雁行平行排列展布相接，总体走向长 240 m，斜深 330 m，故走向较Ⅰ号矿体小，但延深比Ⅰ号矿体大，40 m 标高左右，矿体走向长度明显减缩呈颈脖状。

（2）包金山矿床

包金山金矿区矿体分布于 38—52 号勘探线范围内，主要集中分布于矿区东部Ⅰ花岗斑岩脉的上、下盘，呈透镜状、板柱状、管状和似层状赋存于 F7、F9 断层破碎带及其上下盘蚀变带内，于构造结合部位富集（图 5-1，图 5-2）。赋矿岩层为马底驿组第二岩性段灰绿色中厚层状含粉砂质钙质板岩、条带状钙质板岩、斑点状板岩。

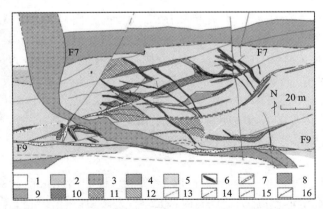

图 5-1　包金山矿区 -20 m 中段局部平面图（根据湖南省有色地质勘查局二总队图件改编）

1—马底驿组第二段第一层；2—马底驿组第二段第二层；3—花岗斑岩；4—蚀变带；5—破碎蚀变带；
6—石英脉；7—断层破碎带；8—矿化体；9—低品位矿体；10—矿体；11—金矿采空区；12—推测金矿体；
13—断层；14—地质界线；15—蚀变带与蚀变破碎带的界线；16—蚀变带与围岩界线

破碎蚀变带总厚 20～100 m，总体走向
265°～290°，倾向北北东，倾角 40°～60°，沿
走向及倾向具膨大收缩、分支复合现象。破
碎蚀变带的物质组分很复杂，角砾大小不等，
形态各样，其组成角砾的岩石类型主要有：
①石英脉(或方解石石英脉)和石英块体，主
要沿裂隙面充填的而成，石英颗粒形态不规
则，大小不等，彼此镶嵌而生，多数受应力作
用；在石英脉的边部及裂隙中有动力重结晶
的碎粒化石英生成其间，沿裂隙及间隙还有
方解石、绿泥石、绢云母等，部分石英脉中有
金属矿物相伴产出；②斑点板岩，具较强的硅
化作用，由斑点(15%～40%)及基质(60%～
80%)两部分组成，斑点主要由绿泥石、方解
石集合体所构成，呈椭圆状和不规则的团粒

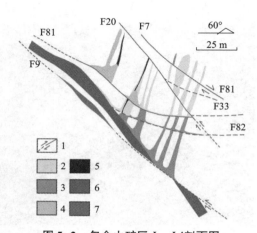

图 5-2 包金山矿区 I－I′剖面图
(根据湖南省有色地质勘查局二总队图件改编)
1—断层；2—金矿体；3—推测矿体；4—矿体采空区；
5—石英脉；6—花岗斑岩脉；7—断层破碎带

状，斑点周围往往有黑云母环绕，部分斑点中见有石英、长石等包裹体，也有磁黄铁矿、黄铁
矿产于其中；基质主要由绢云母、高岭石、绿泥石、方解石、石英、长石、炭泥质物等组成。

5.1.2 矿化类型

按矿石矿物组合特征矿床内可分为石英脉型金(钨)矿体和破碎蚀变岩型金矿体，其特征
分述如下。

(1)石英脉型金(钨)矿体

含金石英脉赋存于北西向断裂带中，走向 290°～310°，发育于 F7、F9 断层所夹持的地块
中，呈左行雁列展布，单条矿脉间距一般在 n～40 m。矿体呈不规则短脉状、透镜状产出，大
小不一，一般走向延长 5～20 m，最大者达 35 m，倾向南南西，倾角 45°～67°，倾向延深较
大，最大达 100 m，矿体厚度及品位变化较大，一般厚 0.2～7.0 m，单工程平均品位 0.65～
79.17 g/t，最高品位大于 200 g/t(据 50—10 中段 107、108 号矿脉以往开采情况)，平均品位
3.70～10.31 g/t。石英脉旁侧围岩中褪色化、硅化、黄铁矿化、磁黄铁矿化强烈，是金的主
要富集部位，在构造结合部位在石英脉内和石英脉与围岩接触带上常可见明金(图 5-3)，并
伴有铅锌矿化、黄铜矿化，局部可见白钨矿呈团块状，细脉状充填于石英脉中部(图 5-4)。
单个矿体平面上从构造结合部位向外金矿化逐渐减弱，倾向有向南西侧伏的规律，侧伏角
16°～32°。矿体走向及倾向上常被后期断层切错破坏，但错距不大。

(2)构造蚀变岩型金矿体

发育于 F9 断层破碎带及其上下盘的层间破碎带中，石英脉旁侧的矿体和矿化体亦属之。

①赋存于 F9 断层破碎带中的脉状金矿体：发育于-20 中段 50—52 线段，矿(化)体走向
延长约 60 m，矿体产状同断层产状，倾向北，倾角 63°～65°，矿体真厚度 1.10～3.5 m，单工
程平均品位 0.81～3.51 g/t，硅化、黄铁矿化、磁黄铁矿化较强，石英脉和石英块体较发育。
因 F9 断层成矿后再次活动，矿体碎裂，岩石结构不稳定，其特征与金坑冲矿区 V 号矿体相
似。该矿体为 F13 断层所切错，西端北移，错距达 80 m。

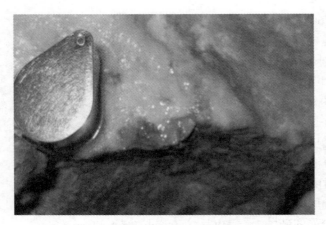

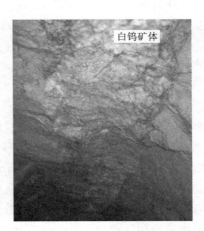

图5-3　发育于石英脉与蚀变板岩接触部位的明金　　　图5-4　充填于石英脉中的白钨矿体

　　②赋存于层间破碎带中的似层状矿体：发育于10、-20、-50中段40—46勘探线段内，矿体赋存于F9断层下盘及F9与F7断层所夹持的地块中马底驿中段钙质板岩层中发育的F81、F82、F83等层间破碎带中。矿体产状同断层产状，走向北北东—北东，沿脉及穿脉工程控制矿（化）体走向延长25～99 m，倾向北—北西，倾角45°～60°，矿体及围岩硅化、绢云化、绿泥石化强烈，石英细脉及石英块体发育，金属矿物主要有黄铁矿、磁黄铁矿和毒砂，局部发育铅锌矿化、黄铜矿化、辉锑矿化和明金。矿体厚度及品位变化较大，真厚度1.0～9.0 m，单工程平均品位0.4～12.25 g/t，深部钻孔于-150 m标高揭露F9断层上盘—层间破碎带中矿体真厚度0.65 m，平均品位Au 6.02 g/t，$WO_3$1.70%，且矿体下盘蚀变矿化强烈局部见有明金。矿体中夹石较多，由浅到深矿体品位有逐渐变富的趋势。

5.2　矿石特征

5.2.1　矿石物质组分

　　（1）总体特征

　　原生矿石矿物成分比较简单，除自然金外、还有白钨矿，金属硫化物主要有黄铁矿、磁黄铁矿，其次为黄铜矿、辉锑矿、方铅矿、闪锌矿、毒砂等，脉石矿物主要为石英、方解石、白云石、铁白云石、绢云母、绿泥石。矿石中主要矿物的相对含量为：黄铁矿1.29%、磁黄铁矿0.44%、石英及碳酸盐4.90%、绿泥石及绢云母93.67%、自然金0.003%，金属硫化物含量不高，自然金的粒度为0.003～0.2 mm，一般为0.007 mm，成色988.8。表生矿物主要有褐铁矿、孔雀石等。

表 5-1　自然金矿物特征值

矿物名称	电子探针分析值		合计质量分数/%	$w(Au)/$ $w(Ag)$	成色	备注
	$w(Au)/\%$	$w(Ag)/\%$				
自然金	99.35	0.55	99.90	180.60	994	
自然金	99.23	0.71	99.94	139.76	992	金的成色
自然金	98.09	1.82	99.91	53.89	981	平均988.8
自然金	98.67	1.21	99.88	81.54	988	

（2）主要矿物特征

①金矿物——自然金。

本区金矿物—自然金的颜色为纯黄色，硬度低，具延展性，放射率高，放射色为亮黄及金黄色。呈等轴粒状、球粒状、棒状、星状等，未见完整的自形晶体，粒度变化较大，在显微镜中见大者其粒度可大于 0.2 mm，一般为 0.007 mm 左右，最小为 0.003 mm 以下（见表 5-2），与重砂大样通过重选分析试验，自然金多储集在-0.061～0 mm 粒级结果相一致。

表 5-2　显微镜下矿石中自然金在各粒级的分布　　　　　　　　　　%

矿石类型	粒级/mm							合计
	0.2(≥)～ 0.074	0.074～ 0.05	0.05～ 0.02	0.02～ 0.01	0.01～ 0.007	0.007～ 0.003	<0.003	
原生矿石	0.10	0.30	8.01	12.20	15.00	42.90	21.39	99.90
氧化矿石	0.46	0.20	0.20		11.90	17.80	69.37	99.93

注：含量所指的是自然金颗粒数目的百分比。

②黄铁矿。

本区黄铁矿具有两种自形程度，一是自形程度较高的立方体或多角面体，二为自形程度较差的不规则粒状体，前者为早期阶段形成，后者为稍晚期阶段形成，而金的富集与后者关系密切，通过单矿物中金的分析，黄铁矿的含金量为 80.5～933 g/t。

③磁黄铁矿。

按其生成大致可分为三个世代，第一世代为变斑状粗粒及半自形粒状，普遍被压碎，金矿物沿间隙充填或沿颗粒边缘嵌布及包裹；第二世代呈细粒浸染状，自形程度低；第三世代呈细粒条纹状、脉状，并与其他金属硫化物组合出现。磁黄铁矿单矿物分析含金量为442.3 g/t。

④白钨矿。

主要出现两个阶段。第一阶段见于含金乳白色石英白钨矿脉中，分布在脉的两壁，呈对称带状构造。白钨矿自形程度较高，颗粒较大，粒径可达 20 mm。第二阶段见于烟灰色石英脉中，或在乳白色石英脉中成细脉状或团包状分布，颗粒较细，自形程度偏低，局部可成团包状出现。

⑤辉锑矿。

辉锑矿的分布有限，形成时间较晚，主要见于石英辉锑矿细脉中，矿物呈针状，集合体呈放射状、束状产出。

⑥石英。

为常见的脉石矿物，大致有三种产状：一为原始沉积的碎屑石英；二是变形前的脉石英，受构造应力发生变异和破坏而呈团块或透镜体；三是变形后的脉石英，有呈单一的白色石英脉，不含金属硫化物，含金也甚微；四是含矿石英脉，一般呈乳白色或烟灰色，伴有黄铁矿、磁黄铁矿、黄铜矿、方铅矿、闪锌矿等，并常见自然金。

⑦碳酸盐矿物——白云石、方解石、铁白云石。

白云石和方解石见于含矿地层中，呈不规则粒状或菱形的集合体、团粒状集合体，有的被绿泥石、绢云母交代，也有方解石交代白云石，与自然金伴生。

方解石和铁白云石见于晚期石英碳酸盐脉中，铁白云石可见于脉壁或脉中部，主要出现于晚期脉体中，金成矿作用已接近尾声。

（3）金的赋存状态

本区金主要以独立的（单体金）形式存在（填隙金），而连生金和包体金很少，随筛目变化粒级变小，连生金和包裹金还不断被解体与剥离成单体金，并主要富集于片状矿物之间。金的赋存状态见表5-3、表5-4。

表5-3　显微镜下自然金在矿物中的分布

单位	石英		方铅矿		方解石、白云石	片状矿物	黄铁矿	磁黄铁矿	黄铜矿	合计
	填隙	包裹	填隙	包裹						
自然金数量/粒	208	56	22	14	70	352	19	13	1	755
占有率/%	27.5	7.4	3	1.8	9.3	46.6	2.5	1.7	微	99.8

表5-4　原矿物相分析结果

相别	质量分数/$(g \cdot t^{-1})$	比例/%
单体金	3.37	82.2
连生金	0.35	8.54
碳酸盐包裹金	0.2	4.88
硫化物包裹金	0.18	4.38
总金	4.1	100

按照金矿物颗粒大小的赋存状态又分为明金、显微金和次显微金。本区主要为显微金，在14/ZK2钻孔矿芯中见有0.8～1 mm的明金较多，另据矿山资料记载，曾在采场见有粒径达5 mm的明金。次显微金，通过对黄铁矿的电镜测试为EDAX能谱所证实，即具有$AuL_x = 9.72$ keV能谱，同时又具有$FeL_x = 6.398$ keV及$SL_x = 2.037$ keV能谱峰，金呈小圆球状、链状、细脉状分布于黄铁矿裂隙或晶面中，但次显微金的占有率是很小的。

至于本区有否以离子金或原子状态混入其他矿物的金,据物相分析对黄铁矿的溶解试验,其存在的可能性微小,从透射电镜鉴定中也未发现这种金的赋存状态。

因此,本区金的赋存状态特征为:金矿物主要以独立的(单体金)自然金形式存在,金的成色高,其产出状态以填隙金(晶隙金、裂隙金)为主,连生金和包裹金为次,与片状矿物关系密切,其次为石英、黄铁矿,金属硫化物含量较少,有害组分甚微,金矿物颗粒较细,多为0.003 mm左右的微细粒金,属简单易选矿石。

5.2.2　矿石结构和构造

矿石结构主要为它形粒状结构、充填交代结构、压碎结构。其次为自形-半自形粒状结构、胶状结构、交代溶蚀结构、包含结构等。

矿石构造以浸染状构造为主,自然金与金属硫化物皆以浸染状分布,其次有角砾状构造、细脉状构造、条带状构造等。

5.2.3　矿石类型

按氧化程度及褐铁矿的含量划分为原生矿石和氧化矿石两大类。氧化带厚度不大,据大量的浅部开采调查,地表以下10~25 m的矿体即为原生带,由于氧化带、半氧化带、原生带没有截然界线和明显标志,故划分较难。

按主要矿物组合特征又可分为三个类型:石英-自然金矿石;黄铁矿(磁黄铁矿)-自然金矿石;褐铁矿-自然金矿石。前两者为原生矿石,含金颗粒较细,较均匀,品位较稳定,而第三种为氧化矿石,颗粒不均匀,常可见明金,品位不甚稳定。

5.3　成矿期成矿阶段划分

包金山矿区含矿围岩角砾状蚀变大理岩中Au有初步富集,Au含量或达矿化(0. x g/t)。石英脉一般也有矿化,乳白色石英矿化偏弱,而烟灰色较强。明金出现于石英脉旁侧,且以烟灰色为富。白钨矿的出现往往与乳白色石英有关,或出现于乳白色石英中,呈对称带状出现;或在乳白色石英与烟灰色石英共存的脉中,有角砾状特征。地层中也有顺层出现的乳白色石英脉,边部常常有墨绿色绿泥石,或有揉皱,为早期无矿石英脉。含金石英脉之中,还可见较晚期的细脉状石英——碳酸盐脉,也有硫化物(Py)细脉,应更晚于烟灰色石英。花岗斑岩脉切过含金石英脉,为晚期脉岩。脉岩中见石英-辉锑矿细脉,可能代表最后的成矿期。

根据野外宏观地质穿插关系和镜下特征,将矿床成矿期次划分为3个成矿期5个成矿阶段,分别为变质热液期(图5-5,图5-6)、岩浆热液期(图5-7,图5-8)和热液叠加期(图5-8),其中岩浆热液期又细分为乳白色石英脉阶段、烟灰色石英脉阶段和碳酸盐——石英细脉阶段,具体特征如下。

5.3.1　变质热液期

早期形成的白云质灰岩和泥灰岩经过区域变质作用形成钙质板岩、斑点板岩和白云质条带板岩等,该成矿期普遍发育绢云母化和绿泥石化蚀变,白云质条带板岩中的暗色条带多为绢云母和绿泥石等暗色矿物[图5-5(a)],斑点板岩中的暗色斑点为绿泥石;经过变质作用板岩中黄铁矿和磁黄铁矿发育,黄铁矿自形程度较高[图5-5(c)],呈稀疏浸染状分布;少量黄铁矿被交代形成磁黄铁矿,磁黄铁矿呈黄铁矿假象[图5-5(d)]。区域变质期形成的板岩常被后期的构造破坏出现揉皱现象,并且断层常充填乳白-烟灰相间的含金石英脉[图5-5(b)]。

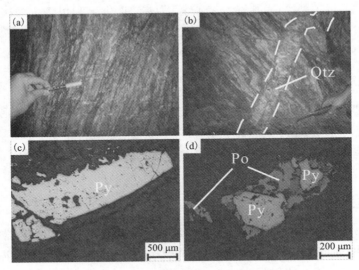

图5-5　包金山金矿床变质热液期特征

(a)白云质条带板岩;(b)白云质条带板岩被后期石英脉穿插;(c)区域变质期形成的较自形的黄铁矿(光片,单偏);(d)部分黄铁矿被磁黄铁矿交代(光片,单偏)。矿物代号:Qtz—石英;Po—磁黄铁矿;Py—黄铁矿

该成矿作用晚期发育大量黄铁矿假象的磁黄铁矿[图5-6(a)、(c)],粒径为0.2~1 cm,在围岩中均匀分布;毒砂的形成与裂隙关系密切,主要形成于裂隙附近[图5-6(b)],自形程度较高,或交代黄铁矿[图5-6(d)]。

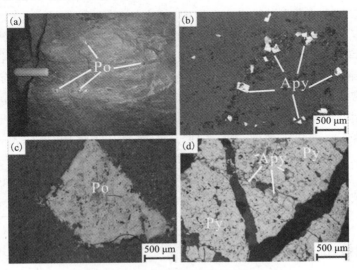

图5-6　包金山金矿床构造热液期特征

(a)围岩中呈黄铁矿假象的磁黄铁矿;(b)围岩裂隙发育的自形毒砂(光片,单偏);(c)围岩中呈黄铁矿假象的磁黄铁矿(光片,单偏);(d)自形黄铁矿中,毒砂沿裂隙充填交代黄铁矿(光片,单偏)。矿物代号:Apy—毒砂;Po—磁黄铁矿;Py—黄铁矿

5.3.2　岩浆热液期

与印支期中酸性岩浆活动有关的热液活动引起北西向含金石英脉的形成,主要是充填于北西向张性断裂中,是矿区主成矿期,形成含金石英脉,并对前期的含金蚀变岩有强烈的改造作用,使石英脉附近的金品位明显提高,并见粗粒自然金。金钨石英脉发育于断层 F7 和 F9 所夹持地块北西向断裂带中,呈左行雁列展布。矿体呈不规则短脉状、透镜状产出,大小不一,一般走向延长 15 m 左右,北西走向,矿体厚度及品位变化较大。石英脉旁侧围岩中绢云母化、硅化、黄铁矿化、磁黄铁矿化强烈,是金的主要富集部位之一。成矿作用可细分为 3 个阶段。

（1）乳白色石英脉阶段

以乳白色石英和分布于脉壁两侧的对称带状白钨矿为特征,一般沿北西走向南西倾的张性裂隙面充填,含极少量硫化物,并有金的矿化作用。对围岩有进一步的蚀变作用,引起金的活化聚集。该阶段乳白色石英被后期构造破坏,形成角砾状被后期的烟灰色石英充填交代 [图 5-7(a)]。

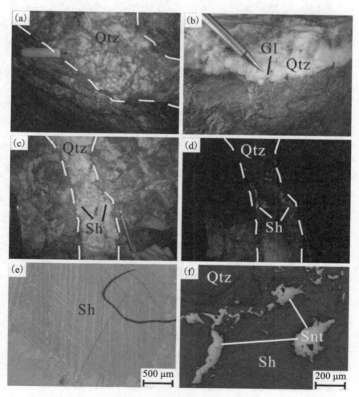

图 5-7　包金山金矿床岩浆热液期乳白色石英脉阶段特征

（a）乳白色石英角砾被后期的烟灰色石英充填胶结;（b）乳白色石英中的明金;（c）石英脉两侧发育呈对称梳状的白钨矿;（d）紫外线光灯下白钨矿特征,视域同 c;（e）白钨矿:灰—深灰(光片,单偏);（f）白钨矿被后期辉锑矿沿裂隙充填交代(光片,单偏)。矿物代号:Qtz—石英;Sh—白钨矿;Gl—自然金;Snt—辉锑矿

白钨矿与乳白色石英关系密切,多见白钨矿呈对称梳状构造分布于乳白色石英脉两侧

[图5-7(c)、(d)]，或呈角砾状生长于乳白色石英中，显微镜下可见白钨矿被后期辉锑矿沿裂隙充填交代[图5-7(f)]；乳白色石英中局部可见局部明金，该明金不与其他金属矿物伴生[图5-7(b)]。

（2）烟灰色石英脉阶段

由于第一阶段石英脉受构造作用碎裂及局部角砾岩化形成的扩容空间中的热液充填交代作用，沉淀了烟灰色石英及细粒黄铁矿等，局部有细粒状白钨矿成细脉出现，也有脉中部的团块状白钨矿。金进一步富集，成为粗粒明金[图5-8(a)]。与金伴生的金属矿物主要为方铅矿，其次为黄铁矿和磁黄铁矿。该期自然金存在三种赋存状态：

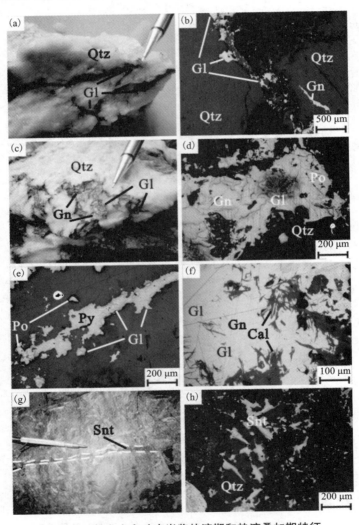

图5-8　包金山金矿床岩浆热液期和热液叠加期特征

（a）乳白色石英经过烟灰色石英的叠加改造使自然金富集；（b）石英裂隙中充填自然金和方铅矿（光片，单偏）；（c）石英脉裂隙中充填方铅矿，方铅矿中包裹着颗粒粗大的自然金；（d）方铅矿于石英脉接触带处，自然金和磁黄铁矿发育（光片，单偏）；（e）石英脉裂隙中自然金、黄铁矿和磁黄铁矿伴生（光片，单偏）；（f）方解石主要呈纤维状或放射状，穿插自然金和方铅矿（光片，单偏）；（g）晚期形成的辉锑矿-石英细脉穿插岩浆热液期形成的石英脉、岩体和围岩；（h）辉锑矿呈针状和石英形成石英—辉锑矿脉充填于围岩裂隙中。矿物代号：Qtz—石英；Gl—自然金；Gn—方铅矿；Po—磁黄铁矿；Py—黄铁矿；Cal—方解石；Snt—辉锑矿

a. 包裹金：主要包裹于方铅矿[图 5-8(f)、(c)]和脉石矿物中，包裹于方铅矿中的自然金颗粒可大可小，粒径为 100～1000 mm，且成色较好；包裹于石英脉中的自然金颗粒较小，粒径为 100 mm 左右，零星分布。

b. 裂隙金：脉石矿物(石英为主)裂隙中可见自然金充填，与金密切伴生的金属矿物有方铅矿[图 5-8(b)]、磁黄铁矿和黄铁矿[图 5-8(e)]，三种矿物先后生成顺序不明显，皆呈它形充填于裂隙中。

c. 粒间金：脉石矿物与方铅矿接触带处自然金大量发育，呈它形充填于方铅矿和石英之间，与金伴生的磁黄铁矿也普遍发育，且被后期自然金穿插[图 5-8(d)]。

(3)石英-碳酸盐阶段

在石英脉中显见的微细脉状绢云母、黄铁矿，有时可见裂隙状充填的明金细脉，是热液进一步活动的结果。该阶段形成的碳酸盐矿物主要以方解石为主，穿插自然金和方铅矿[图 5-8(f)]。

5.3.3 热液叠加期

发育于花岗闪长斑岩体与钙质板岩接触带两侧，以含石英、辉锑矿的细脉为特色，一般宽度不大。晚期形成的辉锑矿-石英细脉穿插岩浆热液期形成的石英脉、岩体和围岩[图 5-8(g)]。显微镜下辉锑矿呈针状和石英形成石英-辉锑矿脉充填于围岩裂隙中[图 5-8(h)]。

依据上述成矿期、成矿阶段的划分并对应矿石结构构造特征，总结了矿物生成顺序(见表 5-5)。

表 5-5　包金山金矿床矿物生成顺序

矿物名称	变质热液期	岩浆热液期		热液叠加期
	含金石英-白钨矿阶段	含金石英-硫化物阶段	石英-碳酸盐阶段	石英-辉锑矿阶段
石英	——————————————————————————————————————
方解石			———————	
铁白云石	———————			
绢云母	———————		———————	
绿泥石	———————			
磁黄铁矿	———————	———————		
黄铁矿		———————		
方铅矿		———————		
白钨矿	———————			
毒砂	———————			
辉锑矿				———————
自然金	———————	———————————————————————	

续表5-5

矿物名称	变质热液期		岩浆热液期		热液叠加期
	含金石英-白钨矿阶段	含金石英-硫化物阶段	石英-碳酸盐阶段	石英-辉锑矿阶段
主要矿石结构	粒状	粒状	它形粒状、交代结构	它形粒状	粒状、针柱状
主要矿石构造	浸染状	脉状、对称带状、浸染状	角砾状、细脉状	细脉状	细脉状

5.4　矿床地球化学特征

5.4.1　金的分布特点

(1)区域地层的金含量

包金山板溪群地层粉砂质板岩中 Au 的含量大约是中国陆壳克拉克值的 2.2 倍。据杨燮(1992)研究沃溪金矿发现,沃溪元古宇地层 Au 的区域背景值在略高于陆壳克拉克值的情况下,大约 1.4 倍,元古界高涧群(相当于板溪群)的成矿物质的迁移足以聚集形成现有规模的矿体(顾雪祥 等,2003),可见高涧群地层同样有成为矿源层的潜质;同时包金山矿体附近地层远高于区域板溪群粉砂质板岩中 Au 的含量,虽然 Au 含量未表现出明显的亏损,但也只能说明迁移和淋失作用在数据层面表现不够明显;第三,矿体及矿体附近普遍蚀变发育,及地表蚀变破碎带中 Au 的含量远远高于陆壳克拉克值,说明成矿热液的运移和构造有着密不可分的联系(表 5-6)。

表 5-6　包金山矿区 Au 含量

元素		$w(Au)/(ng \cdot g^{-1})$
坑道矿体附近	矿体附近地层	21.7
	矿体平均品位(破碎蚀变岩)	715.2
	岩体、岩脉	23.6
地表板溪群	粉砂质板岩	9
	蚀变破碎带	29.5
中国陆壳克拉克值		4

注:表中数据通过处理湖南省有色地质勘查研究院化探数据获得。

(2)坑道地球化学剖面

-20 中段 CM52S 坑道,Au 在构造和石英脉发育部位含量显著升高,这些构造包括顺层的层间滑脱断层和横切地层的断层,石英包括乳白色石英脉和烟灰色石英脉;根据表 5-7 数据可知,在不含构造和石英脉的地层和岩体中含 Au 量偏低,一般不超过 50 ng/g,含 Au 量由高到低依次为烟灰色石英脉、乳白色石英脉、地层和岩体,烟灰色石英 Au 含量最高可达 10458 ng/g,乳白色石英脉最高可达 167.7 ng/g(表 5-7、图 5-9)。

表 5-7 -20 中段 CM52S 坑道地球化学剖面数据

样品号	岩性	$w(Au)/(ng \cdot g^{-1})$
BJJ-71	粉砂质板岩	6.3
BJJ-72	乳白色石英脉	17.2
BJJ-73	石英细脉	8.9
BJJ-74	乳白色石英脉	167.7
BJJ-75	烟灰色石英脉	13.1
BJJ-76	花岗斑岩	40.1
BJJ-77	乳白色石英脉	45.4
BJJ-80	钙质板岩	6.2
BJJ-81	钙质板岩	17.2
BJJ-82	烟灰色石英脉	10458
BJJ-83	烟灰色石英角砾	540.7
BJJ-84	烟灰色石英细脉	21.7
BJJ-85	钙质板岩	50.7
BJJ-86	钙质板岩	8.4

测试单位:湖南省有色地质勘查研究院。

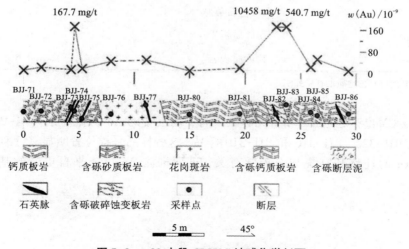

图 5-9 -20 中段 CM52S 地球化学剖面

-20 中段 CM50S 坑道，Au 在构造和石英脉发育部位含量显著升高，这个特点与 CM52 特点相同，并且顺层的石英脉多为乳白色石英脉，而横切地层石英脉往往呈现乳白色石英脉为角砾状（有时角砾可拼接状），乳白色石英角砾周围填充为烟灰色石英脉，且烟灰色石英脉含 Au 量明显高于乳白色石英；根据表 5-3 数据可知，在不含构造和石英脉的地层和岩体中含 Au 量偏低，一般为 n ng/g，少量可高于 10 ng/g，但不超过 50 ng/g。含 Au 量由高到低和 CM52 同样依次为烟灰色石英脉、乳白色石英脉、地层和岩体，烟灰色石英 Au 含量最高可达 721.5 ng/g，乳白色石英脉最高可达 148.7 ng/g（表 5-8、图 5-10）。

表 5-8　-20 中段 CM50S 坑道地球化学剖面数据

样品号	岩性	$w(\text{Au})/(\text{ng} \cdot \text{g}^{-1})$
BJJ-34	蚀变砂质板岩	49.2
BJJ-35	层间破碎物	3.3
BJJ-36	蚀变砂质板岩	5.2
BJJ-37	围岩角砾	26.1
BJJ-38	层间破碎物	6.1
BJJ-39	乳白色石英脉	148.7
BJJ-40	蚀变花岗斑岩	17.6
BJJ-41	花岗斑岩	39.5
BJJ-42	花岗斑岩	3.5
BJJ-43	花岗斑岩	3.9
BJJ-44	钙质板岩	19.4
BJJ-45	断层角砾	4.4
BJJ-46	断层泥	18.5
BJJ-47	烟灰色石英脉	721.5
BJJ-48	粉砂质板岩	6.7
BJJ-49	粉砂质板岩	4.6

　　测试单位：湖南省有色地质勘查研究院。

　　-50 中段 CM42S 坑道断层和石英脉较发育，地层中的 Au 明显高于其他-20 中段 CM50 和 CM52，如 BJJ-322、BJJ-316 和 BJJ-310 样品，这些样品采样位置明显靠近断层和石英脉，由此推测，Au 的迁移和富集与石英脉有关，进而推测 Au 可能来自更老的基底（表 5-9、图 5-11）。

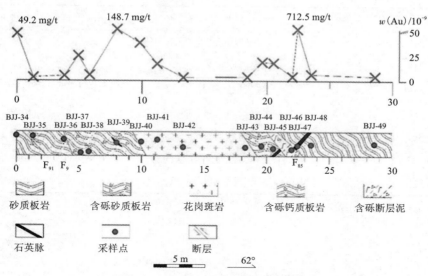

图 5-10　-20 中段 CM50S 地球化学剖面

表 5-9　-50 中段 CM42S 坑道地球化学剖面数据

样品号	岩性	$w(\mathrm{Au})/(\mathrm{ng \cdot g^{-1}})$
BJJ-300	花岗闪长岩	37.4
BJJ-301	含砾钙质板岩	33.2
BJJ-302	粉砂质板岩	10.6
BJJ-303	粉砂质板岩	5.3
BJJ-304	粉砂质板岩	23.3
BJJ-305	石英脉	17.2
BJJ-306	钙质板岩	13.5
BJJ-307	钙质板岩	11.2
BJJ-308	石英脉	19.9
BJJ-309	钙质板岩	17.3
BJJ-310	钙质板岩	50.2
BJJ-311	钙质板岩	13.7
BJJ-312	钙质板岩	5.6
BJJ-313	钙质板岩	11.6
BJJ-314	乳白色石英脉	170.8
BJJ-315	乳白色石英脉	6.5
BJJ-316	钙质板岩	83.5

续表5-9

样品号	岩性	$w(Au)/(ng \cdot g^{-1})$
BJJ-317	粉砂质板岩	9.9
BJJ-318	粉砂质板岩	8
BJJ-319	烟灰色石英脉	3983.1
BJJ-320	含砾粉砂质板岩	35.4
BJJ-321	含砾粉砂质板岩	14.2
BJJ-322	粉砂质板岩	90.8
BJJ-323	钙质板岩	6.1

测试单位：湖南省有色地质勘查研究院。

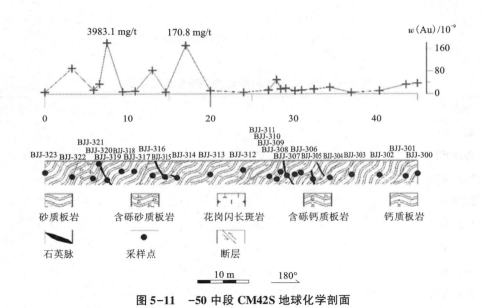

图 5-11　-50 中段 CM42S 地球化学剖面

（3）小结

总结区域和矿区地球化学剖面特征，可得到以下规律：

1）包金山板溪群马底驿组粉砂质钙质板岩中 Au 的含量大约是中国陆壳克拉克值的 2.2 倍，可见该地层同样有成为矿源层的潜质；

2）包金山矿体附近围岩未表现出明显 Au 含量的亏损，表明地层中迁移和淋失作用不强烈；

3）矿体及矿体附近普遍蚀变发育，及地表蚀变破碎带中 Au 的含量远远高于陆壳克拉克值，说明成矿热液的运移和构造有着密不可分的联系。

4）由坑道地球化学剖面可知，Au 的富集和迁移跟断层和石英脉关系极其密切。无矿化的围岩（粉砂质板岩和钙质板岩）和岩体（花岗斑岩和花岗闪长岩）中 Au 含量相对较低，含量在 20 ng/g 以下；发育断层和石英脉的围岩或岩体中含 Au 量有明显提高，可达 20 ~ 90 ng/g 之间；乳白色石英脉中含 Au 有高有低，这种情况是由于 Au 的富集程度较高，在石英脉标本中可见颗粒较大的明金颗粒，但其周边 Au 含量很低，乳白色石英脉中 Au 含量一般稳定在 160 ng/g 左右，这代表成矿阶段岩浆热液期——乳白色石英阶段 Au 的初步富集；烟灰色石英中 Au 含量远远高于乳白色石英，对应烟灰色石英成矿阶段。

5.4.2　硫铅同位素

（1）样品采集及测试方法

本次研究样品为采集于包金山金矿区及毗邻梓门铅锌矿床具有代表性的磁黄铁矿、黄铁矿、辉锑矿及铅锌矿石。将样品碎至 425 ~ 250 μm，经"粗挑-双目镜下精挑"等操作，挑选出纯度达 98% 以上单矿物 2 ~ 3 g，研磨至 75 μm，送往核工业北京地质研究院进行硫、铅同位素测试。硫同位素测试仪器为 Delta v plus，以 Cu_2O 作氧化剂制备测试样品，采用 V-CDT 国际标准，与 CDT 国际标准等效。测试方法参照 DZ/T 0184.14—1997 "硫化物中硫同位素组成的测定"，分析精度为 ±0.2%。铅同位素测试采用 ISOPROBE-T 仪器，方法参照 GB/T 17672—1999 "岩石中铅锶钕同位素测定方法"，分析精度对 1 μg 铅含量其 $w(^{204}Pb)/w(^{206}Pb)$ 低于 0.05%，$w(^{208}Pb)/w(^{206}Pb)$ 不大于 0.005%。国际标样 NBS981 测试结果为：$w(^{208}Pb)/w(^{206}Pb) = 2.162189 ± 0.000027$，$w(^{207}Pb)/w(^{206}Pb) = 0.913626 ± 0.000059$，$w(^{204}Pb)/w(^{206}Pb) = 0.059201 ± 0.000015$。利用本次研究测试数据绘制铅同位素组成及构造图解，利用 Geokit 软件（路远发，2004）计算矿石铅同位素的模式年龄 t、μ（矿床中的 $w(^{238}U)/w(^{204}Pb)$，下同）、$\Delta\alpha$、$\Delta\beta$、$\Delta\gamma$（分别为 $w(^{206}Pb)/w(^{204}Pb)$、$w(^{207}Pb)/w(^{204}Pb)$、$w(^{208}Pb)/w(^{204}Pb)$ 与同时代地幔这一比值的相对偏差，下同省略），并绘制 $\Delta\beta$-$\Delta\gamma$ 图解。

（2）测试结果

①硫同位素特征。

本次研究 9 件样品的硫同位素测试数据见表 5-10。根据表中数据作出 $\delta^{34}S$ 值分布直方图（图 5-12）。结合表 5-10 及图 5-12 可知，包金山矿区硫化物矿石硫同位素 $\delta^{34}S$ 变化范围为 -1.47% ~ -0.19%，变化范围较大，均值为 -0.682%；梓门铅锌矿区硫同位素 $\delta^{34}S$ 值介于 -1.71% ~ -1.35% 之间，均值为 -1.495%，变化范围相对较小，大体上呈单峰式分布。

表 5-10　湘中包金山金矿床及毗邻梓门铅锌矿区硫同位素值

矿区	样品号	测试对象	$\delta^{34}S_{V-CDT}/\%$
包金山	BJJ-14	磁黄铁矿	-0.19
	BJJ-342	黄铁矿	-1.47
	BJJ-351	磁黄铁矿	-0.55
	BJJ-353	辉锑矿	-0.77
	BJJ-354	辉锑矿	-0.43

续表5-10

矿区	样品号	测试对象	$\delta^{34}S_{V-CDT}/\%$
梓门	ZM03	方铅矿	−1.55
	ZM03	闪锌矿	−1.37
	ZM05	方铅矿	−1.71
	ZM05	闪锌矿	−1.35

测试单位：核工业北京地质研究院分析研究测试中心。

包金山金矿床 5 件矿石硫同位素中 1 件黄铁矿 $\delta^{34}S$ 为−1.47‰，两件磁黄铁矿 $\delta^{34}S$ 变化范围为 −0.19‰ ~ −0.55‰，均值为 −0.37‰，两件辉锑矿 $\delta^{34}S$ 介于−0.77‰ ~ −0.43‰之间，均值为−0.60‰。梓门铅锌矿区 4 件矿石硫同位素中 2 件方铅矿 $\delta^{34}S$ 范围为−1.71‰ ~ −1.55‰，均值为−1.63‰，两件闪锌矿 $\delta^{34}S$ 值介于−1.37‰ ~ −1.35‰之间，均值为−1.36‰。

其中包金山金矿床中一个黄铁矿（BJJ-342）$\delta^{34}S$ 值为−1.47‰，严重脱离矿床硫同位素基本范围（−0.77‰ ~ −0.19‰），结合野外地质实况（该样品为黄铁矿化蚀变钙质板岩）分析，推测极有可能由于黄铁矿为围岩形成时伴随围岩一起形成的早期变质热液型黄铁矿，并非后期成矿时形成的黄铁矿。故本章拟用除黄铁矿以外的所有数据来探讨成矿物质来源。

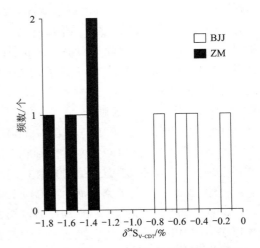

图 5-12 包金山金矿床及毗邻梓门铅锌矿区硫同位素分布直方图

（BJJ—包金山矿区，ZM—梓门矿区）

②铅同位素特征。

包金山金矿床及梓门铅锌矿区磁黄铁矿、黄铁矿、方铅矿、闪锌矿和辉锑矿等单矿物 9 件样品的铅同位素测试结果见表 5-11。由于 BJJ-342 号样品存在前述问题，故应予以剔除，剔除后包金山矿区 $w(^{208}Pb)/w(^{204}Pb)$ 为 38.433 ~ 38.582，均值为 38.542，标准差为 0.063；$w(^{207}Pb)/w(^{204}Pb)$ 为 15.590 ~ 15.673，均值为 15.638，标准差为 0.033；$w(^{206}Pb)/w(^{204}Pb)$ 为 18.121 ~ 18.244，均值为 18.171，标准差为 0.045。

表 5-11　湘中包金山金矿床及毗邻梓门铅锌矿区铅同位素值

样品号	测试对象	$w(^{206}Pb)/w(^{204}Pb)$	$w(^{207}Pb)/w(^{204}Pb)$	$w(^{208}Pb)/w(^{204}Pb)$	t/Ma	μ	$w(Th)/w(U)$	$\Delta\alpha$	$\Delta\beta$	$\Delta\gamma$	X	$1-X$
BJJ-14	磁黄铁矿	18.121	15.590	38.571	364	9.48	3.94	72.13	18.34	45.34	0.16	0.84
BJJ-342	黄铁矿	18.343	15.660	39.082	289	9.59	4.05	79.17	22.52	55.79	0.11	0.89

续表5-11

样品号	测试对象	$w(^{206}\text{Pb})/$ $w(^{204}\text{Pb})$	$w(^{207}\text{Pb})/$ $w(^{204}\text{Pb})$	$w(^{208}\text{Pb})/$ $w(^{204}\text{Pb})$	t/Ma	μ	$w(\text{Th})/$ $w(\text{U})$	$\Delta\alpha$	$\Delta\beta$	$\Delta\gamma$	X	$1-X$
BJJ-351	磁黄铁矿	18.155	15.625	38.433	381	9.54	3.87	75.55	20.72	42.38	0.13	0.87
BJJ-353	辉锑矿	18.244	15.662	38.582	362	9.61	3.89	79.22	23.03	45.54	0.10	0.90
BJJ-354	辉锑矿	18.163	15.673	38.581	431.7	9.64	3.94	80.18	24.13	48.67	0.08	0.92
ZM03	方铅矿	17.580	15.595	38.248	751	9.57	4.11	72.50	21.17	54.30	0.12	0.88
ZM03	闪锌矿	18.348	15.667	39.110	294	9.60	4.06	79.85	23.00	56.77	0.10	0.90
ZM05	方铅矿	17.649	15.525	38.028	625	9.41	3.96	65.70	15.66	42.40	0.20	0.80
ZM05	闪锌矿	17.671	15.552	38.121	640	9.46	3.99	68.31	17.53	45.64	0.17	0.83

注：测试数据来源于广州澳实矿物实验室，2015；相关参数由路远发（2004）开发的 Geokit 软件计算出来。BJJ-包金山矿区，ZM-梓门矿区。

梓门铅锌矿区四件样品测试结果中 $w(^{208}\text{Pb})/w(^{204}\text{Pb})$ 为 38.028～39.110，均值为 38.377，标准差为 0.430；$w(^{207}\text{Pb})/w(^{204}\text{Pb})$ 为 15.525～15.667，均值为 15.585，标准差为 0.054；$w(^{206}\text{Pb})/w(^{204}\text{Pb})$ 为 17.580～18.348，均值为 17.812，标准差为 0.311。

利用 3 个铅稳定同位素比值，制作铅同位素组成图解，结果如图 5-13 所示，分析成矿物质源于何种壳、幔层中或者造山带（郑永飞 等，2000）。据单阶段铅演化模式，运用路远发（2004）开发的 Geokit 软件计算出矿区铅同位素各特征参数（表 5-11）。计算中运用的参数值为 $\alpha_0 = 9.307$，$\beta_0 = 10.294$，$\gamma_0 = 29.476$，地球年龄 $T = 4.43$ Ga。

包金山矿区铅模式年龄 362～431.7 Ma，均值为 385 Ma。$w(\text{Th})/w(\text{U})$ 范围为 3.87～3.94，变化范围很小，表现出稳定铅同位素特征。梓门铅锌矿区铅模式年龄为 625～751 Ma，均值为 672 Ma。$w(\text{Th})/w(\text{U})$ 范围为 3.96～4.11，变化范围亦很小，表现出稳定铅同位素特征。从模式年龄来看，梓门矿区形成早于包金山矿区。

包金山及梓门矿区 μ 变化范围均很小，其中包金山矿区为 9.48～9.64，梓门矿区为 9.41～9.57，均介于原始地幔（$\mu_0 = 7.80$）与地壳（$\mu_C = 9.81$）之间，且更偏向地壳端元，充分反映了壳源铅并有少量幔源混合的特征；并且包金山矿区中壳源成分多于梓门矿区。

铅同位素在 $w(^{207}\text{Pb})/w(^{204}\text{Pb})-w(^{206}\text{Pb})/w(^{204}\text{Pb})$ 投点图（图 5-13）中，包金山金矿床主要位于造山带和上地壳铅之间，仅一件样品落在上地壳铅界线之上。所有投点呈一斜率较大的直线。梓门铅锌矿区样品投点在图 5-13 中主要落在造山带附近，有地幔及上地壳两个端元，且更偏向上地壳端元。

铅同位素组成图解可以大致推断成矿物质来源，但不能准确判断成矿物质来源于何种地质体，朱炳泉等（1998）针对我国特殊地质特征所创立的 $\Delta\beta-\Delta\gamma$ 图解很好地弥补了这一不足。利用路远发（2004）开发的 Geokit 软件计算出矿区各样品的 $\Delta\beta$ 和 $\Delta\gamma$ 值，并将其投到 $\Delta\beta-\Delta\gamma$ 图解中（图 5-14）。由图可见，包金山矿区研究样品主要落在上地壳铅源区，仅一件样品落在与岩浆作用相关的上地壳与地幔混合的俯冲铅源区边界处，说明矿区成矿物质主要来源于上地壳铅，但也有与岩浆作用有关的地幔铅的加入。梓门铅锌矿区样品投点主要落在造山带铅与上地壳铅之中，且投点总体上呈一直线分布，两个端元分别是上地壳和造山带，且更偏向上地壳，说明该矿区成矿物质主要来源于少量上地幔与大量上地壳铅的混合。

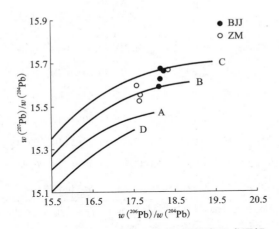

图5-13　包金山及梓门矿区铅同位素组成图解

（底图据Zartman et al，1981）

A—上地幔；B—造山带；

C—上地壳；D—下地壳

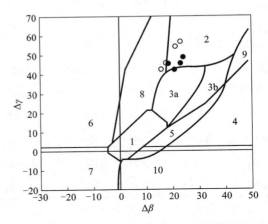

图5-14　湘中包金山金矿床及梓门铅锌矿区 $\Delta\beta$-$\Delta\gamma$
成因分类图解（底图据朱炳泉 等，1998）

1—地幔源铅；2—上地壳铅；3—上地壳与地幔混合的俯冲铅
（3a：岩浆作用；3b：沉积作用）；4—化学沉积型铅；5—海底热
水作用铅；6—中深变质作用铅；7—深变质下地壳铅；8—造山
带铅；9—古老页岩上地壳铅；10—退变质铅。图例同图5-13

（3）成矿物质来源示踪

①硫的来源。

硫同位素对成矿物质来源示踪的前提条件为硫同位素已达到分馏平衡且矿石硫同位素值
应等于热液硫同位素值（雷源保 等，2014）。硫化物矿石矿物硫同位素平衡条件为^{34}S富集由
易至难的顺序为黄铁矿、磁黄铁矿、闪锌矿、黄铜矿、斑铜矿、方铅矿、辉铜矿（郑永飞 等，
2000）。显然梓门铅锌矿区满足上述平衡条件，而包金山金矿区测试样品除黄铁矿外也满足
分馏平衡条件。另一方面，矿区内目前未发现硫酸盐矿物，且黄铁矿和磁黄铁矿均以稳定矿
物出现，根据大本模式中磁黄铁矿–黄铁矿–方解石组合（Ohmoto，1972），可以判断矿区矿石
硫化物硫同位素相当于成矿热液硫同位素。

总结前人对金坑冲矿段、沃溪金矿及黄金洞矿区的硫同位素研究，整理出不同矿区（段）
硫同位素特征（表5-12）。

表5-12　包金山矿区周边矿区（段）硫同位素特征

矿区（段）	测定矿物	产出部位	样品数	$\delta^{34}S_{CDT}$%	
				变化范围	均值
金坑冲①		含金石英脉	3	−0.065 ~ −0.011	−0.041
		花岗岩体中硫化物	2	−0.526 ~ −0.154	−0.034
	合计		5	−0.526 ~ −0.011	−0.038

续表5-12

矿区（段）	测定矿物	产出部位	样品数	$\delta^{34}S_{CDT}$% 变化范围	均值
沃溪②	黄铁矿	脉中微细粒浸染状	5	-0.22 ~ -0.13	-0.17
	黄铁矿	金矿蚀变围岩中粗粒浸染状	6	-0.41 ~ -0.03	-0.2.5
	辉锑矿	层脉状	5	-0.31 ~ +0.21	-0.159
	闪锌矿	层脉状	1	-0.38	
	方铅矿	层脉状	1	-0.51	
	黄铜矿	层脉状	1	+0.11	
	合计		19	-0.51 ~ +0.21	-0.2
黄金洞③	毒砂	矿脉中	3	-0.73 ~ -0.67	-0.697
	毒砂	1 号矿脉中	3	-0.64 ~ -0.56	-0.606
	黄铁矿	1 号矿脉中	3	-0.83 ~ -0.66	-0.722
	合计		9	-0.83 ~ -0.56	-0.669

①数据来源于包振襄(1994)；②数据来源于罗献林等(1984)；③数据来源于罗献林(1988)。

鲍振襄(1994)研究金坑冲矿段，指出矿区硫源可能主要来自同位素组成较均一的深部或下地壳。罗献林等(1984)对沃溪金锑钨矿床深入研究后，结合硫同位素特征指出矿床硫源以变质硫为主，主要来自地层及富硫的赋矿层位。罗献林(1988)研究黄金洞金矿硫同位素特征指出矿床硫可能主要来源于赋矿围岩(变质硫)。

结合前人研究金坑冲矿段的硫同位素特征，可知，包金山矿区硫同位素 $\delta^{34}S$ 变化范围为 -0.77% ~ -0.011%，以轻硫为主，最大值接近0。在上述前人工作基础上结合本矿区地质概况，可认为包金山矿区成矿物质硫主要来源于地层与岩浆的混合。

郑永飞等(2000)指出变质岩 $\delta^{34}S$ 介于 -2% ~ +2%。梓门铅锌矿区 $\delta^{34}S$ 范围为 -1.71% ~ -1.35%，富轻硫，刚好落在变质岩的范围内。综合矿区地质概况(矿区地层为沉积变质形成的钙质板岩，在变质过程中继承了沉积硫的特征，且铅锌矿床形成温度低于钨矿，随着温度的降低，硫同位素分馏加强，使得矿区更富轻硫)可知梓门铅锌矿区成矿物质硫主要来源于围岩(钙质板岩)。

②铅的多源混合。

铅同位素用于判断成矿物质来源的条件是地质体中含有极少量的放射性铅(朱炳泉 等，1998)。包金山矿床和梓门铅锌矿区中稳定铅同位素的 3 个比值 $w(^{206}Pb)/w(^{204}Pb)$、$w(^{207}Pb)/w(^{204}Pb)$、$w(^{208}Pb)/w(^{204}Pb)$ 变化范围很小，表明矿区铅同位素中放射性成因铅含量很少，且 $w(Th)/w(U)$ 变化范围较小，仅为 3.87 ~ 4.11，说明 $w(Th)/w(U)$ 稳定，可以用于探讨成矿物质来源及演化。

沈能平等(2008)研究认为，通常情况下，$\mu > 9.58$ 的铅为高放射性壳源，$\mu < 9.58$ 的铅为低放射性深源铅。

包金山矿区铅同位素 μ 值介于 9.48 ~ 9.64 之间，均值为 9.57，说明本区铅同位素同时具有深源铅和壳源铅的特征。梓门矿区铅同位素 μ 值介于 9.41~9.57 之间,均值为 9.48,说明该区铅同位素具深源特征。

包金山矿区 $w(\text{Th})/w(\text{U})$ 在 3.87~3.94 之间,均值为 3.91;梓门矿区 $w(\text{Th})/w(\text{U})$ 在 3.96~4.11 之间,均值为 4.02。两个矿区 $w(\text{Th})/w(\text{U})$ 平均值均介于中国大陆地幔平均值 3.60 和下地壳平均值 5.48 之间(李龙 等,2001),可能表明成矿物质主要形成于下地壳与地幔。

Stacey 和 Hedlund(1983)研究指出,投点落在造山带增长线上方的矿石铅必然有上地壳的成分,投点位于造山带增长线下方表明矿石铅一定源自地幔或下地壳,投点在造山带增长线附近则铅来源为各储库混合铅。据此推测包金山矿区矿石铅主要来源于上地壳铅及部分各储库铅的混合,且该混合源以上地壳成分为主,含少量地幔成分。梓门矿区矿石铅主要来源于各储库,且以上地壳铅为主。

$\Delta\beta$-$\Delta\gamma$ 成因分类图解具有消除时间因素带来的影响及更精确地界定铅等成矿物质的来源的优势。包金山矿区不同硫化物的铅同位素参数投点除一个落在与岩浆作用有关的上地壳与地幔混合的俯冲铅边界处外均落在上地壳铅范围内(图5-14)。梓门矿区不同矿石铅同位素投点构成一条拟合线段,上下两个端元分别为上地壳铅和造山带铅,且线段更靠近上地壳铅端元,表明矿区铅物质来源于上地壳和地幔,且以上地壳物质为主。

可根据以下公式(朱炳泉 等,1998)计算地幔中 Pb 所占比例:

$$\mu = \mu_{\text{C}}(1 - X) + \mu_0 X$$

式中:μ 为利用 Geokit 软件计算所得值;μ_{C} 为地壳中 $w(^{238}\text{U})/w(^{204}\text{Pb})$,取 $\mu_{\text{C}} = 9.81$;μ_0 为原始地幔中 $w(^{238}\text{U})/w(^{204}\text{Pb})$ 值,取 $\mu_0 = 7.80$;X 为地幔铅所占比例,$1-X$ 为地壳铅所占比例。计算结果见表 5-11,其中包金山矿区地幔组分为 0.08~0.16,地壳组分为 0.84~0.92;梓门矿区地幔组分为 0.12~0.20,地壳组分为 0.80~0.88;说明两个矿区成矿物质均主要来源于地壳,亦有部分地幔来源。比较而言,梓门矿区的地幔来源稍多于包金山矿区。这些计算结果也与上述分析结果大致相同。

刘凯等(2014)对湘中紫云山岩体做了深入研究,指出紫云山岩体主要由花岗闪长岩(主体,准铝质-弱过铝质I型花岗岩)和黑云母花岗岩(补充侵入体,弱过铝-强过铝质S型花岗岩)组成,两者呈明显的侵入接触关系,且与花岗闪长岩相比,黑云母花岗岩的源区中有较少的幔源组分。高精度 LA-ICP-MS 锆石 U-Pb 数据显示两者分别形成与(222.5±1)Ma 和(222.3±1.8)Ma,均处在印支晚期。由此推测包金山矿区成矿物质可能部分源于黑云母花岗岩,梓门矿区源于花岗闪长岩。

综合分析可知,包金山金矿床成矿物质主要来源于上地壳,亦存在少量与岩浆作用有关的幔源物质俯冲形成的俯冲铅;梓门铅锌矿区成矿物质主要来源于上地幔与上地壳形成的造山带铅,但以壳源为主。两个矿区的铅均具有壳幔混合的特征,相对而言,梓门铅锌矿区幔源含量稍高于包金山矿区。

③矿床成因简析。

包金山矿区及梓门铅锌矿区均位于湘中成矿区的北东部,大地构造位置属华夏微板块与扬子微板块的接合部位,区域构造复杂,岩浆活动频繁。硫同位素数据表明两者硫源并不相同,包金山矿区成矿物质硫主要来源于地层与岩浆的混合,梓门铅锌矿区则来自分馏程度较高的地层(变质硫)。铅同位素数据则说明包金山矿区成矿物质主要来源于上地壳,亦存在少量与岩浆作用有关的幔源物质俯冲形成的俯冲铅，且岩浆作用可能与印支晚期的黑云母花岗岩有关；梓门矿区成矿物质主要来源于上地幔与上地壳形成的造山带铅，但以壳源为主，可能与紫云山岩体中的花岗闪长岩有关。根据硫、铅同位素特征，结合野外地质特征及成矿流体特征等，大致总结矿床成因如下：

加里东期，研究区经历区域变质和动力变质，铅、锌、锑、金等成矿元素在变质溶液的影响下处于易溶状态，并与某些组分形成易溶络合物，在压力梯度作用下，在扩容减压带沉淀。印支-燕山期发生大规模的岩浆上侵，区内基底构造层上隆，形成大量脆性破裂体系，为流体提供运移通道。岩浆活动为梓门铅锌矿区提供了部分成矿物质和热源，促使成矿热液沿着裂隙向上运移，并萃取地层中的成矿物质 S 等，结合形成易溶络合物，并在中低温条件下，于扩容减压带沉淀富集成矿，后期岩浆活动虽对其有叠加改造的作用，但总体影响不大。

印支晚期的黑云母花岗岩浆活动为包金山矿床的形成提供了热源及成矿物质。含矿热液在岩浆活动的作用下沿着断裂上升迁移，与围岩发生物质交换，萃取地层中的成矿物质并使围岩遭受不同程度的蚀变，如硅化、黄铁矿化、绢云母化等。随着温度的降低、热液环境的变化（由氧化环境变为还原环境），Au 开始在有利构造位置还原析出，富集成矿。后期又遭受燕山期岩浆活动的叠加改造影响，使得金进一步富集。

（4）小结

①包金山及梓门矿区多种硫化物矿石硫同位素满足同位素平衡条件，可代表热液成矿流体的硫同位素，铅同位素中铅为稳定铅，可用于成矿物质来源的探讨。

②硫同位素特征表明包金山金矿区成矿物质主要来源于岩浆与地层的混合；梓门铅锌矿区成矿物质主要来源于矿区围岩（钙质板岩）。

③铅同位素组成图解及 $\Delta\beta-\Delta\gamma$ 成因分类图解均表明包金山矿区成矿物质主要来源于上地壳，含有少量幔源物质；梓门矿区成矿物质主要来源于上地壳与上地幔的混合，且以上地壳物质为主。

5.4.3　成矿年代

依据野外宏观观察、流体包裹体、硫铅同位素、氢氧同位素等证据，包金山矿床为岩浆热液矿床，主成矿时间应为印支晚期。

Rb-Sr 测年数据见表 5-13，散点图见图 5-15。

表 5-13　Rb-Sr 测年数据

序号	实验编号	样品号	名称	$w(\mathrm{Rb})/10^{-6}$	$w(\mathrm{Rb})/10^{-6}$	$w(^{87}\mathrm{Rb})/w(^{86}\mathrm{Sr})$	$w(^{87}\mathrm{Sr})/w(^{86}\mathrm{Sr})(1\sigma)$
1	3014985	BJJ-394-1	石英	0.04309	0.1614	0.7718	0.73580±0.00005
2	3014986	BJJ-394-2	石英	0.05095	0.1732	0.8508	0.73763±0.00006
3	3014987	BJJ-394-3	石英	0.03269	0.2100	0.4499	0.73599±0.00005
4	3014988	BJJ-394-4	石英	0.06165	0.2000	0.8914	0.73780±0.00005
5	3014999	BJJ-394-5	石英	0.03640	0.1617	0.6509	0.73738±0.00003

综合考虑样品数量及拟合优度，采用 2、3、4、5 号点画等时线，等时线及回归方程见

图 5-16，利用公式 $t=1/[\lambda*\ln(k+1)]$，其中 $\lambda=1.42\times10^{-11}\ a^{-1}$，$k=0.0038$，求得 $t=267\ Ma$。该年龄数据代表了石英脉的成岩年龄，不能代表金成矿年龄，多种证据指示该矿床为岩浆热液矿床，成矿时代应为印支晚期，下限为 222 Ma（紫云山岩体 U-Pb 锆石年龄为 222 Ma）。

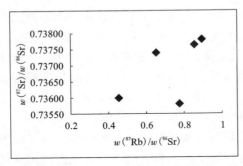

图 5-15　Rb-Sr 测年数据散点图

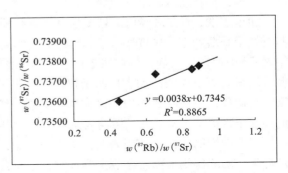

图 5-16　Rb-Sr 等时线及方程

5.5　围岩蚀变

一般来说，研究热液矿床的围岩蚀变宏观上用蚀变矿物的结构和形态、蚀变矿物组合、蚀变强度、蚀变的空间分布这四个方面来描述，微观上则是通过蚀变围岩主量元素、微量元素的组成来表达。

5.5.1　围岩蚀变类型及分布

包金山金矿的蚀变类型比较多，其中以碳酸盐化、绢云母化、黄铁矿化、硅化、绿泥石化为主。

由于石英脉体主要呈沿着断裂走向展布，主要呈脉状及沿小裂隙填充呈网脉状，而蚀变主要分布脉状、透镜状石英块体的两侧。在层状、似层状破碎带中的矿体两侧，同样发育各种类型的蚀变。这些蚀变类型主要为中温热液与围岩交待形成，在矿体周围形成大量浅色矿物，如绢云母、石英、方解石等。两种矿体两侧分布最广的则是褪色化，在包金山范围内，褪色化主要为绢云母化。围岩中绢云母含量高，可能在区域变质时由泥质岩浅变质而来，而且越靠近矿体，绢云母含量呈现正相关的关系。

5.5.2　围岩蚀变分带

金矿床的围岩蚀变是含有 Au、H_2O、SiO_2、K_2O、Na_2O 等组分的热液流体作用于围岩，产生新的蚀变岩石相、蚀变矿物相，从而在金矿脉两侧形成流体-围岩交代作用晕-围岩蚀变岩带（杨敏之，1998）。由于矿体周围各种蚀变叠加普遍，因此，每一种蚀矿化-绢云母化带，黄铁矿化-绢云母化变类型的分界线不明显。根据井下剖面 10 中段 CM38S、-20 中段 CM44S 的两个剖面（图 5-17）描述及镜下显微鉴定，由内到外大致可以分为三个蚀变带：碳酸盐化-硅化-黄铁-绿泥石化带，绢云母-绿泥石化带，依次称为内带、中带、外带。各带界线模糊，叠加强烈，内带与蚀变带和石英脉体与围岩接触带的金矿化有着密切的关系。

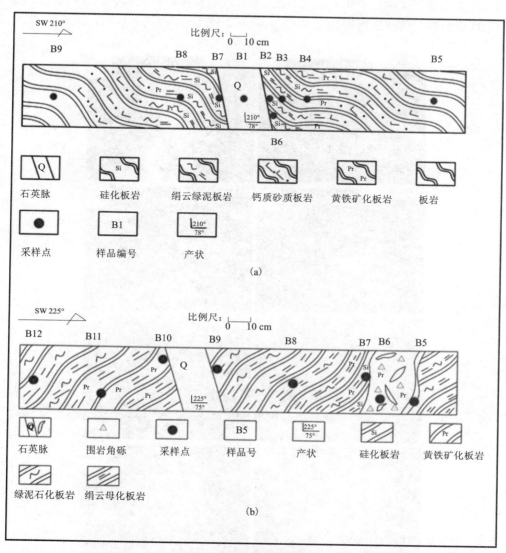

图 5-17　围岩蚀变剖面图

(a)10 中段 CM38S 剖面；(b)-20 中段 CM44S 剖面

5.5.3　围岩蚀变基本特征

(1)绢云母化

板溪群马底驿组为浅变质的含钙质板岩，由于区域变质，泥质成分形成大量的绢云母，成矿热液交代围岩形成的绢云母主要来源于浅变质岩里的原生绢云母[图 5-18(a)]重结晶及原岩里的长石[图 5-18(b)]、白云母[图 5-18(c)]等组分交代形成。与未蚀变的绢云母相比，蚀变后的绢云母虽然也呈鳞片状，但是片径增大[图 5-18(d)]，常与黄铁矿[图 5-18(e)、(f)]、辉锑矿[图 5-18(e)]等硫化物金属矿物共生。主要发育在石英脉体[图 5-18(g)]和破碎蚀变岩体[图 5-18(h)]两侧。

　　绢云母化蚀变特征颜色主要为浅灰白色，硬度小，经历两期变质，在区域变质的基础上经热液交代围岩蚀变的改造作用。

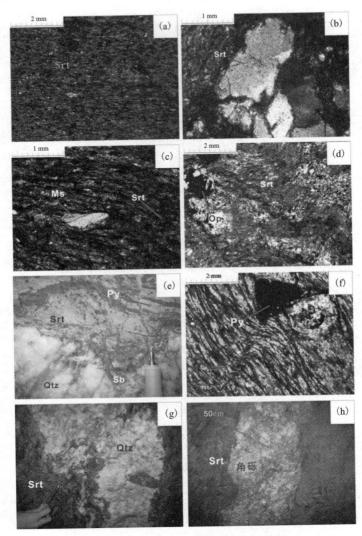

图 5-18　绢云母化、黄铁矿化围岩蚀变

(a)原生绢云母定向排列；(b)绢云母化残留斜长石假象；(c)白云母；(d)蚀变绢云母；(e)近矿蚀变带绢云母化、黄铁矿化；(f)半自形黄铁矿；(g)石英脉两侧绢云母化；(h)破碎带两侧绢云母化

注：Srt—绢云母；Ms—白云母；Op—不透明矿物；Py—黄铁矿；Qtz—石英；Sb—辉锑矿

　　(2)黄铁矿化

　　围岩中的黄铁矿化主要发育在内带[图 5-18(e)、(f)]及中带，呈条带状及浸染状产出，主要成因为热液形成，其粒径介于 0.2~1 mm。颗粒细小，晶形主要以立方体自形产出，且常见黄铁矿的锖色。

　　内带及中带里的黄铁矿颗粒呈现渐变的趋势，界线模糊。总体趋势为越靠近矿体，黄铁矿化越强烈，远离矿体处黄铁矿的锖色也越明显，结合金的品位可知，还原环境下，金被还原沉淀，越往外，氧化环境中金属硫化物被氧化，金的含量也降低。

（3）硅化

靠近矿体，硅化明显，而且硅化主要在紧靠石英脉体一侧形成硅化细带［图 5-19（a）］，板岩中长石被石英交代，残留长石柱状假象［图 5-19（b）］，长×宽为 0.2 mm×0.3 mm，浅灰白色镜下突起高，表面比较脏。热液运移的过程中，围岩中的 Au 与硅质形成硅胶，富集迁移，在合适的构造部位，压力降低，物化条件改变，形成硅化，金也沉淀析出。

（4）碳酸盐化

碳酸盐矿物主要包括方解石［图 5-19（c）］、铁白云石，围岩蚀变中主要形成方解石，铁白云石主要是热液上移形成的碳酸盐矿物。

（5）绿泥石化

观察发现，绿泥石化与金矿化不存在密切的关系，薄片里呈自形柱状［图 5-19（d）］。均匀分布在蚀变围岩中，另外在纯围岩中，绿泥石也有着一定的含量。

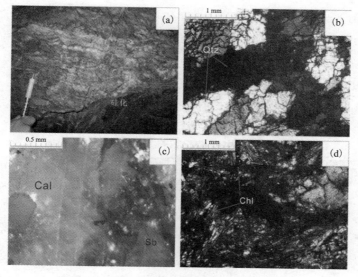

图 5-19　硅化、碳酸盐化、绿泥石化围岩蚀变

（a）硅化细脉带；（b）硅化石英残留斜长石假象；（c）方解石；（d）绿泥石
注：Qtz—石英；Cal—方解石；Sb—辉锑矿；Chl—绿泥石

5.5.4　围岩蚀变过程中的地球化学组分质量迁移计算

水岩反应和流体成矿作用过程中的质量迁移计算是一个重要的研究课题（高斌 等，1999）。质量组分迁移计算，可以准确评价包金山矿区围岩蚀变过程中物质的带入带出，明确成矿过程中流体对围岩成分的影响。在 10 中段 CM38S 位置处，检测了一个坑道剖面，分别在靠近矿脉、远离矿脉处采集样品分别进行主量（表 5-14）和微量元素（表 5-15）测试。在 -20 中段 CM44S 位置的剖面，就近矿和远矿位置处采集样品进行微量元素（表 5-16）测试。测试过程中，主量元素用 XRF 的方法，微量元素由 ME-ICP 仪器测定，均由澳实分析检测（广州）有限公司测试分析。

表 5-14　10 中段 CM38S 主量元素组成(质量分数，%)

项目	SiO_2	TiO_2	Al_2O_3	TFe_2O_3	MnO	MgO	CaO	Na_2O	K_2O
SF05-B2	51.77	0.83	18.57	5.42	0.09	2.9	6.34	0.5	4.71
SF05-B3	51.83	0.85	20.72	6.4	0.07	2.32	4.7	0.81	5.37
SF05-B4	57.92	0.72	15.31	6.33	0.06	2.97	5.83	0.82	3.56
SF05-B5	60.35	0.69	15.22	6.44	0.06	2.88	3.52	1.02	3.22
项目	P_2O_5	V_2O_5	Cr_2O_3	CoO	NiO	CuO	ZnO	As_2O_3	SrO
SF05-B2	0.04	0.02	0.03	<0.01	<0.01	<0.01	0.01	<0.01	0.01
SF05-B3	0.02	0.03	0.02	<0.01	0.01	<0.01	0.02	<0.01	0.02
SF05-B4	0.06	0.02	0.03	<0.01	<0.01	<0.01	0.01	0.01	0.02
SF05-B5	0.06	0.02	0.02	<0.01	0.01	<0.01	0.01	<0.01	0.01
项目	ZrO_2	SnO_2	BaO	PbO	SO_3	Cl	LOI	Total	
SF05-B2	0.03	0.01	0.17	<0.01	0.73	<0.01	7.51	99.7	
SF05-B3	0.03	0.01	0.22	<0.01	1.14	<0.01	4.96	99.56	
SF05-B4	0.03	0.01	0.16	<0.01	0.16	<0.01	5.7	99.73	
SF05-B5	0.02	0.01	0.14	<0.01	0.04	<0.01	5.63	99.37	

注：主量元素含量由澳实分析检测(广州)有限公司分析，各项检测出限为 0.01%，LOI 为烧失量。

表 5-15　10 中段 CM38S 微量元素组成(μg/g)

项目	Au	Be	Sc	V	Cr	Co	Ni	Cu	Zn	Ga	As	Sr
SF05-B2	0.887	2.8	21	117	138	10	28	2	66	20	10	86
SF05-B3	3.33	3.6	22	149	142	17	51	18	141	30	15	123
SF05-B4	0.415	2.7	19	94	128	17	33	4	107	20	43	140
SF05-B5	0.053	2.3	19	94	131	16	38	10	102	20	40	73
SF05-B7	*	2.2	18	85	94	17	39	2	97	20	57	173
SF05-B8	*	2.2	19	86	93	14	30	5	90	20	19	134
SF05-B9	*	2.4	20	102	119	16	33	4	91	20	33	127
项目	Mo	Ag	Cd	Sb	Bi	Ba	W	Tl	Pb	Th	U	La
SF05-B2	12	<0.5	<0.5	15	<2	1430	10	<10	26	<20	<10	20
SF05-B3	1	<0.5	<0.5	11	<2	1810	30	<10	16	<20	<10	20
SF05-B4	<1	<0.5	<0.5	18	<2	1360	20	<10	16	<20	<10	20
SF05-B5	<1	<0.5	<0.5	9	<2	1140	10	<10	12	<20	<10	20
SF05-B7	1	<0.5	<0.5	17	4	900	10	<10	29	<20	<10	20
SF05-B8	<1	<0.5	<0.5	15	2	1200	10	<10	17	<20	<10	20
SF05-B9	<1	<0.5	<0.5	13	<2	1290	10	<10	9	<20	<10	20

注：微量元素含量由澳实分析检测(广州)有限公司分析。

表 5-16　-20 中段 CM44S 微量元素组成(μg/g)

项目	Be	Sc	V	Cr	Co	Ni	Cu	Zn	Ga	As	Sr	Mo
SF06-B6	1.8	10	43	54	9	18	114	65	10	22	187	1
SF06-B7	3	17	83	77	16	31	6	85	20	25	167	<1
SF06-B8	4.7	18	131	136	14	30	15	80	30	20	111	<1
SF06-B9	3.9	18	97	62	20	46	33	90	30	13	102	<1
SF06-B10	4.7	17	131	82	21	56	9	77	30	20	117	<1
SF06-B11	2.8	16	61	45	14	31	3	91	20	37	149	<1
SF06-B12	2	14	60	63	13	23	3	69	20	30	163	<1
项目	Ag	Cd	Sb	Bi	Ba	W	Tl	Pb	Th	U	La	
SF06-B6	<0.5	<0.5	13	<2	940	10	<10	10	<20	<10	20	
SF06-B7	<0.5	<0.5	13	<2	1660	10	<10	8	<20	<10	20	
SF06-B8	<0.5	<0.5	18	<2	2580	30	<10	3	20	<10	50	
SF06-B9	<0.5	<0.5	12	<2	1970	20	<10	9	<20	<10	20	
SF06-B10	<0.5	<0.5	12	3	2270	10	<10	9	<20	<10	20	
SF06-B11	<0.5	<0.5	14	<2	1430	10	<10	8	<20	<10	30	
SF06-B12	<0.5	<0.5	7	<2	1280	10	<10	12	<20	<10	20	

注：微量元素含量由澳实分析检测(广州) 有限公司分析。

（1）计算方法的选择

围岩蚀变作用属于水岩反应的一种类型，流体在其中起着非常重要的作用，选择正确的计算方法，对分析成矿物质迁移非常重要。判断元素迁移的标志有许多种，包括①蚀变矿物组合；②元素含量的计算；③物理化学条件的改变(韩吟文 等，2003)。地球化学组分质量迁移的计算可以定量的分析元素的迁入迁出。目前的计算方法主要是假定在开放体系中存在 1个或 1 组不活泼元素做对比元素，进而确定其他组分的迁移规律(张婷，2014)。这种元素在热液体系中称为惰性元素，即进行水岩反应的过程中，其本身或者其化合物没有质量变化或者仅有微小的变化(高斌 等，1999)。早期的研究方法主要是以体积因子为主要数据的成分-体积的计算方法，另一种则是 Isocon 图解法(张婷，2014)。而这两种方法或多或少存在着缺陷，成分-体积法需要高精度的密度和体积数据，增加了工作量；而 Isocon 图解法虽然将成分-体积法中的体积因子转为质量因子，而且不需要密度参数，却不适合多个样品的组分迁移计算对比(张婷，2014)。

近几年发展起来的标准化 Isocon 图解法则弥补了这些缺陷，通过将数据标准化，可以在多组样品中建立一个共同参照，进而体现蚀变具有不同强烈程度(郭顺 等，2013)。因此本文采用的方法是标准化 Isocon 图解法，以此来计算包金山围岩蚀变地球化学组分的迁移规律。

（2）惰性组分的选择

惰性组分(不活动组分) 的确定取决于元素的活动性大小，而元素活泼性的强弱与其本身的性质以及实际的地质情况有关(解庆林 等,1997)。一般来说,评价元素及其化合物迁移能力大小,在于它的熔点和沸点,熔点、沸点高的元素或化合物,迁移能力弱,反之则强(解庆林 等,1997)。在热液型金矿床中,一般认为使用 Al_2O_3 和 TiO_2 来作为惰性组分最合适(张婷,2014;解庆林 等,1997;郑硌 等,2015)。

本文所研究的围岩蚀变样品取自包金山矿区 10 中段 CM38S 处,按照采样距离的远近及样品描述,将样品人为的分为纯围岩,强蚀变围岩(Ⅰ),弱蚀变围岩(Ⅱ)(图5-20),并整理主量元素分析表(表5-17)。

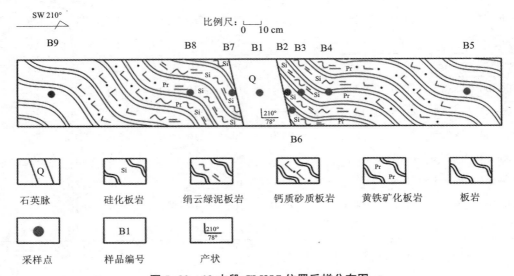

图 5-20 10 中段 CM38S 位置采样分布图

注:B2、B3-Ⅰ,由于 B2、B3 采样点紧挨着,因此将两者元素含量的平均值作为强蚀变围岩(Ⅰ)的元素含量;B4-Ⅱ;B5-纯围岩

表 5-17 纯围岩及蚀变围岩的主量元素分析(质量分数,%)

主量元素	SiO_2	TiO_2	Al_2O_3	TFe_2O_3	MnO	MgO	CaO	Na_2O	K_2O	P_2O_5	LOI
纯围岩	60.35	0.69	15.22	6.44	0.06	2.88	3.52	1.02	3.22	0.06	7.51
Ⅰ	51.8	0.84	19.65	5.91	0.08	2.61	5.52	0.66	5.04	0.03	5.33
Ⅱ	57.92	0.72	15.31	6.33	0.06	2.97	5.83	0.82	3.56	0.06	5.63

注:Ⅰ:强蚀变围岩,Ⅱ:弱蚀变围岩,LOI 为烧失量。

由表5-17 可以知道,Al_2O_3 与 TiO_2 相比,含量较高,而 TiO_2 含量太少,采用 TiO_2 的话,对最终数据有着较大的影响,故将其剔除,所以最终的惰性组分采用 Al_2O_3。

(3)等浓度线计算与 Isocon 标准化计算

本次计算采用的样品为纯围岩,强蚀变围岩(Ⅰ),弱蚀变围岩(Ⅱ),体现了元素迁移渐变的一个过程。标准化 Isocon 图解法,最重要的就是元素的标准化,进而绘制 c^0-c^A 图,找出主量元素的迁入迁出规律。

Isocon 图解中惰性组分 i 的斜率通过 $K_i^1 = m^0/m^1 = w^1/w^0$ 求得(K_i^1 为 Isocon 斜率，m^0 为未蚀变围岩质量，m^1 为蚀变后岩石质量，w^1 为惰性组分在蚀变后岩石中的百分含量，w^0 为惰性组分在未蚀变围岩的百分含量)(张婷，2014)。由表 5-17 再加上前述的计算方法，我们可以计算出等浓度线即蚀变与未蚀变界线的斜率分别为 $K_{Al}^I = 1.2911$，$K_{Al}^{II} = 1.0059$(Al 代表 Al_2O_3)。由于传统的 Isocon 图解只能对两组样品数据进行对比，无法对多组样品进行横向比较(郭顺 等，2013)。因此，需要对上述数据进行标准化处理。

标准化处理过程中，基准点的选择没有固定的方法。标准化计算是利用斜率的比值来将数据放大缩小，使得各样品中的惰性组分数值相等，由此来对比多个样品的元素组分差异，这是标准 Isocon 图解法与传统的 Isocon 图解法的一个不同之处。

本次研究内容以强蚀变围岩(Ⅰ)中的 Al_2O_3 为基准。将纯围岩，弱蚀变围岩(Ⅱ)Al_2O_3 的含量乘上 $K_{Al}^I/K_{Al}^{纯} = 1.2911$，$K_{Al}^I/K_{Al}^{II} = 1.2835$，得到与强蚀变围岩(Ⅰ)的 Al_2O_3 一样的值，这样，就可以将Ⅰ、Ⅱ的样品组分在同一个 $w^0 - w^A$ 图中进行分析。采用同样的方法，对两组样品里其他的组分进行标准化计算(表 5-18)。

表 5-18 Isocon 标准化后纯围岩及蚀变围岩的主量元素分析(质量分数，%)

主量元素	SiO_2	TiO_2	Al_2O_3	TFe_2O_3	MnO	MgO	CaO	Na_2O	K_2O	P_2O_5	LOI
纯围岩	77.91	0.89	19.65	8.31	0.08	3.72	4.54	1.32	4.16	0.08	9.7
w(Ⅰ)	51.8	0.84	19.65	5.91	0.08	2.61	5.52	0.66	5.04	0.03	5.33
w(Ⅱ)	74.34	0.92	19.65	8.12	0.08	3.81	7.48	1.05	4.57	0.08	7.23

注：Ⅰ：强蚀变围岩，Ⅱ：弱蚀变围岩，LOI：烧失量。

在标准化后的主量元素中，两组样品里 Al_2O_3 含量一致，而且另一个惰性组分 TiO_2 在两处的含量相近，由此判定，本次标准化后得到的数据可靠性比较高。

5.5.5 地球化学迁移特征

地球化学特征主要包括主量元素特征及微量元素特征。比较标准化后的元素组分含量差值，可以直观地得出元素迁移的程度及方向。本文主要以 $w^0 - w^A$ 图解来分析主量元素的迁入迁出规律，进而与实际的蚀变类型相对应，微量元素则是通过差值的对比来分析迁移规律。

(1)主量元素迁移特征

根据表 5-18 得到标准化后的主量元素含量，整理出蚀变前后的含量变化值(表 5-19)。标准化后的 Isocon 图解 $w^0 - w^A$ 图如图 5-21 所示。

表 5-19 Isocon 标准化后蚀变围岩主量元素质量百分数差值(质量分数，%)

主量元素	SiO_2	TiO_2	Al_2O_3	TFe_2O_3	MnO	MgO	CaO	Na_2O	K_2O	P_2O_5	LOI
Δw(Ⅰ)	-26	0	0	-2.4	0	-1.1	1	-1	0.88	-0.1	-4.4
Δw(Ⅱ)	-3.6	0	0	-0.2	0	0.09	2.9	0	0.41	0	-2.5

注：Δw(Ⅰ) = w(Ⅰ) - w^0，Δw(Ⅱ) = w(Ⅱ) - w^0，Ⅰ：强蚀变围岩，Ⅱ：弱蚀变围岩，w^0 为纯围岩元素质量百分数，LOI 为烧失量。

从表 5-19 和图 5-21 中可以知道，由于 MnO、P_2O_5 元素组分太少，因此不对它们进行元素带入带出规律的分析。图 5-19 中的 c^0-c^A 图，基本可以确定带出的主量元素组分为 SiO_2、TFe_2O_3、MgO、Na_2O、烧失量，带入的组分为 CaO、K_2O，表 5-19、图 5-21 可以对离矿体不同距离的样品做出对比，和迁移程度的分析。

通过表 5-19 和图 5-21 可以得出：

①围岩中越靠近石英脉矿体，SiO_2 含量越少，表明围岩对脉体中的硅质有部分贡献。成矿热液从围岩中萃取硅质，在合适部位随着金的析出一起沉淀（黄诚 等，2014）。

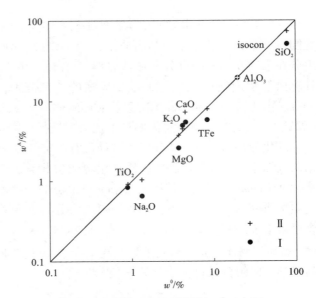

图 5-21　标准 Isocon 图解法 w^0-w^A 图

注：Ⅰ—强蚀变围岩；Ⅱ—弱蚀变围岩；
w^0 为纯围岩元素质量百分数；w^A 为蚀变围岩质量百分数

与近矿围岩处绢云母化强烈的现象相符合。

②Fe 的减少则有可能与在蚀变围岩与矿脉分界线上形成的黄铁矿有关，当 Fe 从围岩中被萃取到热液中，运移到断裂带的分界线上时，由于物化条件的改变，与热液中 S 元素大量结合，形成黄铁矿，与实际观察到的分界线处黄铁矿含量高，而围岩和石英脉里面黄铁矿相对较少相吻合。Fe 与 S 的结合，破坏了硫氢络合物物化条件，导致硫化物的富集，从而引起金的沉淀。值得一提的是，Fe 的变化与 SiO_2 变化趋势一致，也印证了在井下观察到的离石英脉体越近，黄铁矿化越发育的现象相吻合。

③MgO、Na_2O 的带出，并且带出的程度较大，与形成大量后生绢云母有关。

④矿区交代作用过程中，CaO、K_2O 属于带入组分，CaO 的带入与围岩中碳酸盐化相一致，强蚀变围岩与弱蚀变围岩中含有一定量的方解石说明了此问题。K_2O 则与绢云母化和绿泥石化密切相关。

⑤Na、K 虽然均为化学活动性强烈的元素，但是 Na 相对 K 又更活泼一些，所以 Na 从围岩中缺失而进入到成矿热液中，使得热液 pH 值升高，破坏了 Au 络合物的稳定，因此促使 Au 在矿体和围岩分界线上加速沉淀，这一点与矿体特征中提到的分界线上易见明金相对应。

通过表 5-16 并结合上文分析，也可知蚀变种类叠加或者蚀变强烈程度的不同，也会影响金的沉淀。总之蚀变种类叠加越多的地方，蚀变越强烈的地方，金的沉淀就越快，其品位也越高。

（2）微量元素迁移特征

微量元素在成岩成矿作用过程中，主要是作为示踪剂来指示成矿物质的运移（韩吟文 等，2003）。通过不同微量元素的带入带出规律，可以指示围岩蚀变的类型，与实际情况相对应。

由表 5-20、图 5-22 可以看出，包金山矿床形成过程中，围岩里的 Au、Be、Zn、Cr、Ga、

Pb、Sb、Sr、W、V、Ba 是带入微量元素，带出微量元素是 Co、Ni、As、Cu。而 La 元素迁移量很小，基本可以忽略不计。围岩中的石英细脉旁可见辉锑细脉，与 Sb 的带入可能有关，且远离矿体时，弱蚀变围岩中的 Sb 含量更多，可以起到在远矿围岩中寻找辉锑矿的指示意义。Zn 元素则是与 Sb 一样，远矿围岩中反而较为富集，同样可以为寻找闪锌矿提供方向。Cu 从围岩中带入到石英脉里，与矿脉和接触带上所见到的黄铜矿相对应。表 5-19 中 Au 元素距离矿体越近，含量呈现递增的趋势，表明围岩中对金的沉淀做了一定的贡献。

表 5-20　蚀变围岩微量元素质量差值（μg/g）

项目	Au	Be	V	Cr	Co	Ni	Cu	Zn
Δ I	2.06	0.9	39	9	-2.5	1.5	0	1.5
Δ II	0.36	0.4	0	-3	1	-5	-6	5
项目	Ga	As	Sr	Sb	Ba	W	Pb	La
Δ I	5	-27.5	31.5	4	480	10	9	0
Δ II	0	3	67	9	220	10	4	0

注：$\Delta I = I - w^0$，$\Delta II = II - w^0$，I：强蚀变围岩，II：弱蚀变围岩，w^0 为纯围岩元素质量百分数。

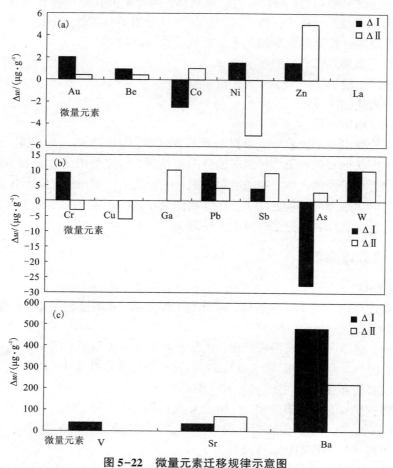

图 5-22　微量元素迁移规律示意图

注：$\Delta I = I - w^0$，$\Delta II = II - w^0$，I：强蚀变围岩，II：弱蚀变围岩，w^0 为纯围岩元素质量百分数

5.6   完西村梓门铅锌矿初步调查

5.6.1   梓门铅锌矿地质特征

紫云山西部完西村梓门铅锌矿区含矿地层为高涧群西冲段底部，靠近紫云山岩体西部接蚀带。地层为灰黑色碳质砂质板岩，比较坚硬，可见石英细脉。岩体呈似斑状，斑晶为长石和少量石英，长石自形-半自形，5~30 mm，含量可达20%。基质长英质，颗粒大小为1~2 mm，半自形粒状。石英含量约30%，定为斑状花岗岩。围岩蚀变以硅化、绢云母化、黄铁矿化、绿泥石化、绿帘石化为主，近矿体以硅化较强，也有少量石英细脉。蚀变岩中致密状硅化，可见细粒浸染状硫化物，有黄铁矿、方铅矿等。

铅锌矿体呈脉状，沿岩体与地层接触断层或地层中裂隙充填形成，并对周围岩石或断层泥进行交代蚀变。矿体沿构造带分布，但不很连续，呈脉状或透镜状，分段富集，受断裂面形态控制，有尖灭再现特征，最大厚度可达3 m，产状236°∠64°。

矿石主要成分为闪锌矿、黄铁矿、方铅矿、石英等。黄铁矿细粒集合成块状，似胶结石英脉的角砾。闪锌矿呈棕褐色，颗粒构造成块状体，闪锌矿的孔隙中有石英充填。方铅矿往往为颗粒状成团出现在闪锌矿中，似不规则脉状。有方铅矿与黄铁矿共生，或以石英黄铁矿小脉的形式充填裂隙。根据脉的穿插关系分析成矿作用阶段：

①(成矿前)石英脉阶段；

②块状黄铁矿阶段；

③石英铅锌硫化物阶段；

④石英黄铁方铅矿阶段。

其中石英脉阶段出现于斑岩中或沿接触带的裂隙中，宽可达80 cm，以乳白色石英为主，有条带状或不规则状烟灰色石英，并含灰黑色围岩角砾，与包金山的含金石英脉很相似，此石英脉为岩浆期后早阶段的产物。据查，在胡家仑一带地表广泛出现，但不含金。

此铅锌矿脉向南东方向延伸并尖灭，在其西侧又出现一条新的脉，有尖灭再现特征。从平面上看有右行特征，力学上受左旋剪应力控制。

5.6.2   流体包裹体测温

(1)包裹体特征

矿石中石英发育较多的流体包裹体，可分为3种类型：水溶液包裹体(Ⅰ型)、CO_2-水溶液包裹体(Ⅱ型)和纯CO_2包裹体(Ⅲ型)。

Ⅰ型包裹体：室温下呈气液两相产出，由盐水溶液及气泡组成，气相体积分数为10%~30%，最终完全均一为水溶液相[图5-23(a)]；该类包裹体直径为4~10 mm，多呈椭圆、长条及不规则状成群分布在石英[图5-23(d)]中。

Ⅱ型包裹体：室温下呈水溶液相、气相CO_2及液相CO_2三相产出，可见其与Ⅰ型包裹体共生[图5-23(b)]。CO_2相所占体积分数为30%，二氧化碳部分均一为液相，最终完全均一为水溶液相。包裹体呈不规则状，直径约为5 mm。

Ⅲ型包裹体：室温下呈液相CO_2、气相CO_2两相产出[图5-23(c)]。包裹体大小为

4 mm，气相体积分数为 30%，呈椭圆状。

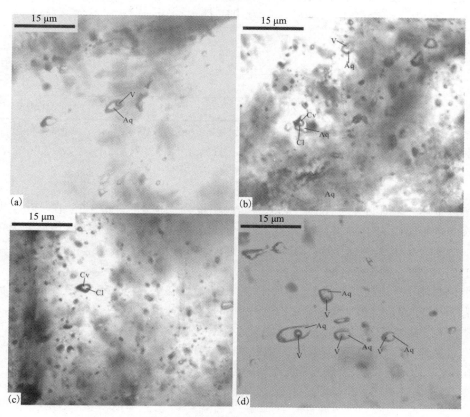

图 5-23　流体包裹体镜下显微特征

（a）Ⅰ型包裹体；（b）Ⅱ型包裹体与Ⅰ型包裹体共生；（c）Ⅲ型包裹体；（d）Ⅰ型包裹体群生
缩写：Aq—水溶液相；V—气相；Cl—CO$_2$ 液相；Cv—CO$_2$ 气相

（2）显微测温结果

2 个样品均为完西村铅锌矿的含矿石英脉，共测得 32 个包裹体。其中 30 个Ⅰ型包裹体，1 个Ⅱ型包裹体和 1 个Ⅲ型包裹体。测温结果汇总于表 5-21，均一温度及盐度（以 NaCl 质量分数计）统计如图 5-24 所示。

表 5-21　完西村铅锌矿流体包裹体测温结果统计

样号	类型	数量	长度/μm	V/T(20℃)/%	$t_{m(CO_2)}$/℃	$t_{m(ice)}$/℃	$t_{m(cla)}$/℃
BJL-63	Ⅰ	16	4 ~ 10	10 ~ 25		-15.3 ~ -4.7	
	Ⅱ	1	5	30	-59.5		3.9
	Ⅲ	1	4	30	-60.3		
BJL-77	Ⅰ	14	4 ~ 10	10 ~ 30		-15.2 ~ -3.1	

续表5-21

样号	类型	数量	长度/μm	$V/T(20℃)/\%$	$t_{m(CO_2)}/℃$	$t_{m(ice)}/℃$	$t_{m(cla)}/℃$
	Ⅰ	16		159~253	7.39~18.87		0.899~1.028
BJL-63	Ⅱ	1	25.5	321	10.62		0.961
	Ⅲ	1	22.1				0.752
BJL-77	Ⅰ	14		163~202	5.01~18.78		0.916~1.029

表中符号：V/T—气相占包裹体体积分数，Ⅱ型包裹体为二氧化碳相所占分数；$t_{m(CO_2)}$—二氧化碳熔化温度；$t_{m(ice)}$—冰的最终融化温度；$t_{m(cla)}$—二氧化碳笼合物熔化温度；t_{hc}—二氧化碳部分均一温度，标明(V)均一为气相，未标明者均一为液相；t_h—均一温度，未标明者均一为水溶液相，标明(C)者均一为碳质相。

Ⅰ型包裹体：冻结温度为-68~-43℃，初融温度为-29.8~-26.3℃，在-30℃以内，说明水溶液中电解质以 K^+、Na^+ 为主，没有 Ca^{2+}，但可能有 Mg^{2+}。冰的最终熔化温度为-15.3~-3.1℃，盐度为5.01%~18.87%［图5-24（b）］。均一温度变化较大，范围为159~253℃，集中于170~210℃［图5-24（a）］，最终均一为液相。

Ⅱ型包裹体：冻结温度为-102.2℃，固态 CO_2 的熔化温度为-59.5℃，CO_2 笼合物的熔化温度为3.9℃，对应盐度为10.62%［图5-24（b）］，CO_2 相部分均一温度为25.5℃，部分均一为碳质液相，最终均一温度为321℃［图5-24（a）］，最终均一为水溶液相。

Ⅲ型包裹体：纯 CO_2 两相包裹体冻结温度为-101.6℃，升温过程中，固态 CO_2 的熔化温度为-60.3℃，均一温度为22.1℃，最终均一为碳质液相。

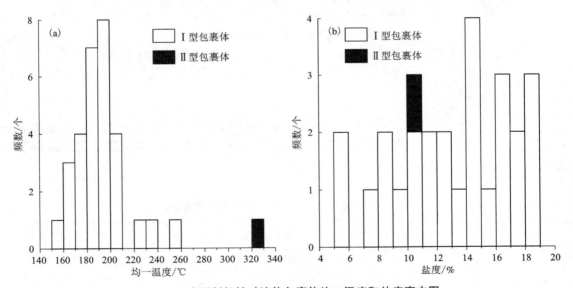

图5-24　完西村铅锌矿流体包裹体均一温度和盐度直方图

（a）均一温度直方图；（b）盐度直方图

第 6 章

岩石地球化学剖面研究

　　包金山地区岩石地质-地球化学剖面共实测地表剖面 3 条、钻孔 4 段、坑道短剖面 3 条。共采集岩石样品 225 件，其中地表路线剖面 97 件，钻孔 52 件，坑道 65 件，测试了 Au、Ag、Cu、Pb、Zn、W、Sn、Mo、Mn、Sb、Hg、As、Tl 共 13 元素。矿区地层及岩体部分样品作了稀土元素分析、光薄片研究、包裹体研究等内容后，也做了光谱分析以作比较，共 11 件。重点研究包金山金矿床及其周边地区的元素迁移富集规律，尤其是包金山金矿床成因。

6.1　矿区外围岩石地球化学特征

6.1.1　矿区外围地质-地球化学剖面部署

　　包金山金矿区外围 3 条地质-地球化学实测剖面。其中 F1 剖面（A-A′剖面）长度 1050 m，穿过研究区大断裂 F1 两侧泥盆系和板溪群马底驿组第二段第二小层；梓门剖面（B-B′剖面）长度 400 m，穿过板溪群马底驿组第二段第二小层和紫云山岩体；秋旺冲剖面（C-C′剖面）长度 7500 m，穿过紫云山岩体和板溪群马底驿组第二段各小层和板溪群第 3 段局部。这些剖面穿过了包金山金矿床所在区域主要的地质单元，能够比较全面地反映区域地球化学特征。

　　实测剖面总共采集样品 97 件；其中 $Ptbnm^{2-2}$ 中最多，63 件；其他地层 18 件；岩浆岩 16 件，具体的样品特征及测试结果见表 6-1。

表 6-1　包金山金矿带地表剖面地层、侵入岩的微量元素光谱分析结果

层位及采样点	岩性	样品编号	检测结果													所在剖面
			Au	Sb	W	Cu	Pb	Zn	Mn	Ag	Sn	Mo	As	Hg	Tl	
			ng/g	μg/g	μg/g	μg/g	μg/g	μg/g	μg/g	μg/g	μg/g	μg/g	μg/g	ng/g	μg/g	
$Ptbnm^{2-2}$	粉砂质板岩	BJL-19	7.0	2.73	14.02	7.9	20.1	26.5	123	0.038	2.4	0.71	45.35	20.46	1.01	F1

续表6-1

层位及采样点	岩性	样品编号	检测结果													所在剖面
			Au	Sb	W	Cu	Pb	Zn	Mn	Ag	Sn	Mo	As	Hg	Tl	
			ng/g	μg/g	μg/g	μg/g	μg/g	μg/g	μg/g	μg/g	μg/g	μg/g	μg/g	ng/g	μg/g	
Ptbnm²⁻²	粉砂质板岩	BJL-20	17.2	2.61	10.1	20.4	54.5	41.1	152.7	0.055	3.3	4.12	96.88	26.04	1.08	F1
Ptbnm²⁻²	粉砂质板岩	BJL-21	19.1	3.88	6.22	32.6	28.3	36.3	181.1	0.043	4.3	0.67	117.19	49.88	1.01	F1
Ptbnm²⁻²	粉砂质板岩	BJL-22	5.3	0.54	5.76	4.6	23.5	27.9	156.1	0.046	3.5	0.64	20.15	30.92	0.86	F1
Ptbnm²⁻²	粉砂质板岩	BJL-23	30.8	6.96	8.59	6.4	19.8	21.8	122	0.062	3.4	2.74	218.4	14.33	1	F1
Ptbnm²⁻²	粉砂质板岩	BJL-27	5.3	3.53	6.87	16	50.4	32.8	138.5	0.047	6	4.05	81.51	23.52	1.13	F1
Ptbnm²⁻²	粉砂质板岩	BJL-28	46.9	3.67	7.28	15	53.8	39	146.2	0.081	2.9	2.83	243	17.52	0.69	F1
Ptbnm²⁻²	粉砂质板岩	BJL-29	36.8	4.4	9.5	26.8	57.1	33.1	130.7	0.061	2.9	1.04	445.1	54.66	0.9	F1
Ptbnm²⁻²	粉砂质板岩	BJL-31	8.5	12.79	7.82	24.8	114.2	56.8	128.1	0.067	2.9	0.72	342.4	50.81	1.16	F1
Ptbnm²⁻²	粉砂质板岩	BJL-32	1.1	2.53	8.22	20.4	46.7	59.1	149.1	0.044	2.5	0.6	75.39	23.06	0.81	F1
Ptbnm²⁻²	粉砂质板岩	BJL-33	1.6	0.24	4.07	5.4	18.4	18.4	57.2	0.051	1.6	0.59	6.18	27.27	0.16	F1
Ptbnm²⁻²	粉砂质板岩	BJL-34	1.1	2.28	4.21	34	31.8	38.7	126.1	0.048	3.5	0.63	28.29	26.29	0.71	F1

续表6-1

层位及采样点	岩性	样品编号	检测结果													所在剖面
			Au	Sb	W	Cu	Pb	Zn	Mn	Ag	Sn	Mo	As	Hg	Tl	
			ng/g	μg/g	μg/g	μg/g	μg/g	μg/g	μg/g	μg/g	μg/g	μg/g	μg/g	ng/g	μg/g	
Ptbnm$^{2-2}$	粉砂质板岩	BJL-109	0.6	0.24	4.33	81.8	27.6	81.2	296.7	0.053	2.8	0.52	0.56	22.22	0.42	秋旺冲
Ptbnm$^{2-2}$	粉砂质板岩	BJL-112	1.5	1.33	5.41	119.3	31.4	59.4	397	0.054	4.8	0.29	1.32	86.39	1.03	秋旺冲
Ptbnm$^{2-2}$	粉砂质板岩	BJL-113	0.4	0.19	5.73	11.7	29.3	112.3	329.1	0.045	3.6	0.45	0.55	25.09	0.7	秋旺冲
Ptbnm$^{2-2}$	粉砂质板岩	BJL-114	2.1	0.16	5.97	19.6	27.1	91.8	575.5	0.048	2.1	0.47	0.68	30.13	0.48	秋旺冲
Ptbnm$^{2-2}$	粉砂质板岩	BJL-115	0.8	0.17	5.79	65.9	37.1	93.8	820.1	0.047	1.6	0.65	0.48	26.29	0.5	秋旺冲
Ptbnm$^{2-2}$	粉砂质板岩	BJL-118	0.9	0.47	5.45	152.7	33.7	151	317	0.048	4.4	0.29	11.73	47.69	0.96	秋旺冲
Ptbnm$^{2-2}$	粉砂质板岩	BJL-119	0.8	0.43	3.96	6.7	39.5	92.1	619.1	0.044	3.6	0.33	2.56	57.41	1.1	秋旺冲
Ptbnm$^{2-2}$	粉砂质板岩	BJL-121	1.2	0.28	10.33	4.1	33.5	72.8	1228.1	0.048	2.1	0.49	3.16	85.32	1.13	秋旺冲
Ptbnm$^{2-2}$	粉砂质板岩	BJL-127	0.8	0.29	4.67	12.5	40.5	33.7	582.8	0.058	3.8	0.83	1.61	27.19	0.85	秋旺冲
Ptbnm$^{2-2}$	砂质板岩	BJL-35	2.1	0.53	143.7	55.7	26.8	62	215.9	0.058	2.2	3.26	28.5	17.91	0.6	F1
Ptbnm$^{2-2}$	砂质板岩	BJL-36	1.2	2.03	9.52	46.5	26.9	57.5	142	0.085	2	5.31	14.07	43.03	0.97	F1
Ptbnm$^{2-2}$	砂质板岩	BJL-42	0.6	1.14	11.53	5.4	21.3	84.3	142.9	0.046	2.6	0.66	15.13	22.22	0.5	F1
Ptbnm$^{2-2}$	砂质板岩	BJL-43	1.7	2.11	8.36	10.7	43.4	36.3	129.2	0.043	2.2	1.11	123	20.96	0.48	F1

续表6-1

层位及采样点	岩性	样品编号	检测结果												所在剖面
			Au	Sb	W	Cu	Pb	Zn	Mn	Ag	Sn	Mo	As	Hg	Tl	
			ng/g	μg/g	μg/g	μg/g	μg/g	μg/g	μg/g	μg/g	μg/g	μg/g	μg/g	ng/g	μg/g	
Ptbnm$^{2-2}$	砂质板岩	BJL-44	2.0	3.12	7.97	19.7	30.8	86.3	154.6	0.042	2.9	3.46	41.03	45.68	0.81	F1
Ptbnm$^{2-2}$	砂质板岩	BJL-45	0.3	2.24	3.25	4.9	13.2	30.4	148.2	0.056	2.4	0.55	37.42	49.69	0.93	F1
Ptbnm$^{2-2}$	砂质板岩	BJL-46	2.2	3.25	3.17	60.6	26.4	34.1	145.6	0.044	2.5	10.69	15.82	58.94	1.09	F1
Ptbnm$^{2-2}$	砂质板岩	BJL-47	2.2	2.12	3.61	26	35.4	60	94.9	0.044	3.2	9.46	21.02	51.87	0.88	F1
Ptbnm$^{2-2}$	砂质板岩	BJL-48	1.3	4.35	50.24	22.2	33.3	172	214.9	0.048	2.3	0.62	94	48.01	0.99	梓门
Ptbnm$^{2-2}$	砂质板岩	BJL-65	1.8	3.64	13.53	24.6	313	86.7	242.4	0.269	2.9	11.19	96.16	17.92	1.68	梓门
Ptbnm$^{2-2}$	砂质板岩	BJL-66	0.6	0.6	19.75	47.4	172.1	135.6	2134.1	0.107	3	2.06	386.2	33.44	1.69	梓门
Ptbnm$^{2-2}$	砂质板岩	BJL-73	0.5	4.66	44.82	71	83.3	152.1	223.2	0.135	25.5	5.14	956.3	20.2	0.89	梓门
Ptbnm$^{2-2}$	砂质板岩	BJL-74	2.1	1.38	31.18	42.8	72.7	147.6	325.9	0.15	6.9	1.3	1456	75.8	1.11	梓门
Ptbnm$^{2-2}$	砂质板岩	BJL-75	1.1	0.23	19.79	11.9	35.7	79.3	272	0.05	2.3	0.42	16.14	15.34	0.84	梓门
Ptbnm$^{2-2}$	粉砂质、钙质板岩	BJL-129	2.2	0.16	5.68	16	49.2	101	337.7	0.081	4	1.35	2.81	88.25	0.69	秋旺冲
Ptbnm$^{2-2}$	粉砂质、钙质板岩	BJL-130	1.1	0.17	7.98	12.2	41.3	189.7	397.5	0.045	5.8	1.31	0.84	40.2	1.36	秋旺冲
Ptbnm$^{2-2}$	破碎蚀变岩	BJL-110	1.7	0.26	6.04	122.4	35.9	334.6	304.6	0.037	3	0.39	0.61	23.35	0.94	秋旺冲
Ptbnm$^{2-2}$	破碎蚀变岩	BJL-116	1.2	0.23	5.45	7.8	50.8	92.4	1209.8	0.046	2.3	0.23	5.4	54.19	0.3	秋旺冲

续表6-1

层位及采样点	岩性	样品编号	检测结果													所在剖面
			Au	Sb	W	Cu	Pb	Zn	Mn	Ag	Sn	Mo	As	Hg	Tl	
			ng/g	μg/g	μg/g	μg/g	μg/g	μg/g	μg/g	μg/g	μg/g	μg/g	μg/g	ng/g	μg/g	
Ptbnm$^{2-2}$	破碎蚀变岩	BJL-117	0.6	0.17	5.67	4.4	38	64.3	576.8	0.044	2.5	0.29	0.68	37.24	0.57	秋旺冲
Ptbnm$^{2-2}$	破碎蚀变岩	BJL-128	1.4	0.16	4.81	14.7	36.7	28.9	136.9	0.067	4.7	0.51	1.46	47.11	0.85	秋旺冲
Ptbnm$^{2-2}$	破碎蚀变岩	BJL-16	73.8	2.08	36.98	13.8	23.1	21.8	150.8	0.046	1.4	5.94	222.8	68.8	0.21	F1
Ptbnm$^{2-2}$	破碎蚀变岩	BJL-17	69.5	1.15	28.16	14.9	15.6	27	221.1	0.054	3.3	1.79	125.2	61.77	0.67	F1
Ptbnm$^{2-2}$	破碎蚀变岩	BJL-24	6.0	0.16	29.92	10.4	52.9	17.1	169.3	0.081	1.4	0.88	77.46	12.97	0.03	F1
Ptbnm$^{2-2}$	破碎蚀变岩	BJL-25	45.4	4.54	14.04	12.7	21.7	23	171	0.058	3.1	2.43	286.9	18.49	0.88	F1
Ptbnm$^{2-2}$	破碎蚀变岩	BJL-26	6.5	2.72	7.03	10.9	28	30.1	168.2	0.05	2.9	0.64	54.06	11.67	1.02	F1
Ptbnm$^{2-2}$	破碎蚀变岩	BJL-30	54.2	3.58	10.93	26.6	42.9	32.4	157.5	0.049	3.5	1.42	437.6	28.22	1.12	F1
Ptbnm$^{2-2}$	破碎蚀变岩	BJL-37	2.4	3.89	7.65	27.9	41.9	39.2	75.5	0.042	1.8	10.63	21.67	74.66	0.9	F1
Ptbnm$^{2-2}$	破碎蚀变岩	BJL-38	16.1	0.29	18.22	25	10.2	11.5	129	0.196	1.3	4.69	30.17	28.12	0.01	F1
Ptbnm$^{2-2}$	破碎蚀变岩	BJL-39	5.0	3.22	12.5	11.2	26.8	22.8	90.6	0.045	2.4	4.23	6.67	28.75	1.01	F1

续表6-1

层位及采样点	岩性	样品编号	检测结果												所在剖面
			Au	Sb	W	Cu	Pb	Zn	Mn	Ag	Sn	Mo	As	Hg	Tl	
			ng/g	μg/g	μg/g	μg/g	μg/g	μg/g	μg/g	μg/g	μg/g	μg/g	μg/g	ng/g	μg/g	
Ptbnm² ⁻²	破碎蚀变岩	BJL-40	9.3	2.12	8.03	323.4	18.7	23.8	135.8	0.083	3.6	1.27	51.25	44.21	0.79	F1
Ptbnm² ⁻²	破碎蚀变岩	BJL-41	1.7	3.47	23.13	34.6	16.2	17.3	168.4	0.048	1.4	4.93	51.32	85.71	0.4	F1
Ptbnm² ⁻²	破碎蚀变岩	BJL-61	1.3	1.38	21.51	17.9	58.9	80.9	576.6	0.156	2.6	5.15	137.1	20.15	1.38	梓门
Ptbnm² ⁻²	破碎蚀变岩	BJL-68	6.3	9.18	57	33	62.4	24.7	158.8	0.228	2.9	27.74	1289	25.63	0.57	梓门
Ptbnm² ⁻²	破碎蚀变岩	BJL-69	20.1	10.86	51.4	33.3	70.5	53.4	326.3	0.247	22.5	20.97	5355	140.21	2.35	梓门
Ptbnm² ⁻²	破碎蚀变岩	BJL-70	0.8	0.18	60.54	15.9	42.8	113.4	207.1	0.052	1.3	8.18	155.5	121.97	0.24	梓门
Ptbnm² ⁻²	硅化砂质板岩	BJL-67	1.6	6.39	20.2	39.2	87	73.3	278.9	0.085	2.7	0.88	187.3	16.78	2.77	梓门
Ptbnm² ⁻²	硅化砂质板岩	BJL-71	1.6	3.66	38.51	27.1	227.9	109.8	324.5	0.565	25.5	1.18	1460	1386.1	2.17	梓门
Ptbnm² ⁻²	石英脉	BJL-18	5.4	0.28	41.22	16.7	18.6	14.7	253.4	0.067	2.5	1	51.56	14.53	0.01	F1
Ptbnm² ⁻²	石英脉	BJL-59	59.8	36.54	72.39	17	888	2364	152.9	4.28	20.2	0.69	13280	18.54	0.31	梓门
Ptbnm² ⁻²	石英脉	BJL-60	7.7	9.79	39.8	125.2	5572	10891	215.8	4.28	3.2	7.75	1052	55.48	1.29	梓门
Ptbnm² ⁻²	石英脉	BJL-111	2.7	0.84	22.69	223.2	70.5	156.4	1163.6	0.06	2.1	1.68	5.18	81.86	0.51	秋旺冲
Ptbnm² ⁻²	石英脉	BJL-120	1.4	1.37	17.35	15.3	47.9	31.9	1626.6	0.074	1.5	1.93	5.88	64.19	0.1	秋旺冲

续表6-1

层位及采样点	岩性	样品编号	检测结果													所在剖面
			Au	Sb	W	Cu	Pb	Zn	Mn	Ag	Sn	Mo	As	Hg	Tl	
			ng/g	μg/g	μg/g	μg/g	μg/g	μg/g	μg/g	μg/g	μg/g	μg/g	μg/g	ng/g	μg/g	
D_3S	页岩、粉砂岩	BJL-05	11.2	2.25	22.3	7.1	11	169.7	632.9	0.049	2	0.46	41.3	61.6	0.03	F1
D_3S	页岩、粉砂岩	BJL-06	7.4	4.27	13.7	3.5	24	63.6	126.9	0.045	4.4	0.35	6.82	18.73	1.51	F1
D_3S	页岩、粉砂岩	BJL-07	2.2	2.56	23.24	8.8	26.8	164.9	459	0.055	3	0.5	3.96	121.73	0.57	F1
D_3S	页岩、粉砂岩	BJL-08	2.7	2.57	20.85	27.7	88.6	90.7	248	0.209	1.7	0.99	27.49	1109	0.07	F1
$Ptbnm^{2-1}$	粉砂质板岩	BJL-107	2.6	0.17	24.42	6.8	46.3	107.1	2354.9	0.069	2.9	0.49	5.42	58.71	0.81	秋旺冲
$Ptbnm^{2-1}$	粉砂质板岩	BJL-108	2.0	1.34	13.44	42.1	40.6	66.5	2649.1	0.201	5.5	0.61	10.24	141.61	0.25	秋旺冲
$Ptbnm^{2-1}$	接触带蚀变岩	BJL-105	3.6	0.54	31.95	19.1	41.8	96.2	366.3	0.041	6.1	2.36	111.91	90.99	2.68	秋旺冲
$Ptbnm^{2-3}$	砂质、钙质板岩	BJL-131	15.4	0.16	4.88	31.9	48.2	74	349.2	0.067	3.8	0.43	1.85	58.52	0.71	秋旺冲
$Ptbnm^{2-3}$	砂质、钙质板岩	BJL-132	2.5	0.19	4.61	17.6	33.5	38.4	443.8	0.044	2.6	0.91	8.52	131.41	0.67	秋旺冲
$Ptbnm^{2-3}$	砂质、钙质板岩	BJL-133	2.5	1.05	5.34	22	37	34.6	453.6	0.043	3.8	0.43	2.38	15.86	0.97	秋旺冲
$Ptbnm^{2-3}$	砂质、钙质板岩	BJL-134	1.7	0.15	5.4	15.2	38.4	206.9	856.6	0.052	3.6	0.42	1.75	72.89	0.99	秋旺冲
$Ptbnm^3$	钙质板岩	BJL-136	1.9	0.15	3.41	13.3	31.2	66.9	407.9	0.081	4.4	0.74	13.21	43.09	0.93	秋旺冲

94   湘中紫云山岩体包金山金矿带成矿规律与找矿预测研究

续表6-1

层位及采样点	岩性	样品编号	检测结果													所在剖面
			Au	Sb	W	Cu	Pb	Zn	Mn	Ag	Sn	Mo	As	Hg	Tl	
			ng/g	μg/g	μg/g	μg/g	μg/g	μg/g	μg/g	μg/g	μg/g	μg/g	μg/g	ng/g	μg/g	
Ptbnm³	钙质板岩	BJL-137	2.0	0.16	5.79	11.8	28.8	73.4	470.2	0.044	3.4	1.05	11.87	43.54	1.76	秋旺冲
Ptbnm³	断层破碎带岩	BJL-122	1.0	1.97	5.41	20.1	44.3	148	1382.2	0.056	2.8	0.5	41.57	63.23	0.78	秋旺冲
Ptbnm³	断层破碎带岩	BJL-123	1.8	8.74	121.7	110.4	49.3	204.3	31604	0.3	2.3	15.81	12.01	38.62	1.02	秋旺冲
Ptbnm³	断层破碎带岩	BJL-124	0.6	0.16	5.38	42.1	47.9	140.4	765.9	0.09	4.9	0.66	4.08	27.84	0.94	秋旺冲
Ptbnm³	断层破碎带岩	BJL-125	138.4	0.15	4.48	30.6	144.3	93.1	1344	0.237	3.4	0.5	26.16	11.62	0.85	秋旺冲
Ptbnm³	断层破碎带岩	BJL-126	5.6	0.17	6.14	35.2	41	91.9	1366.5	0.061	3.2	0.78	2.63	25.22	0.98	秋旺冲
γ_5^1	二长花岗岩	BJL-52	0.2	0.23	18.35	6.3	81.6	52.4	477	0.049	6	1.19	33.45	13.19	2.14	梓门
γ_5^1	二长花岗岩	BJL-56	31.9	33.83	35.49	7.5	76.5	40.3	206.2	0.852	124.4	1.4	13910	18.26	3.01	梓门
γ_5^1	二长花岗岩	BJL-57	1.8	11.46	23.87	19.4	67.9	54.4	563.8	0.078	6.9	1	702.4	78.27	1.4	梓门
γ_5^1	硅化二长花岗岩	BJL-53	0.9	1.41	24.38	14.1	71.9	142.5	371.1	0.116	7.3	1.26	189.1	21.05	1.64	梓门
γ_5^1	硅化二长花岗岩	BJL-55	1.8	1.95	22.43	27.2	45.9	67.2	721.7	0.073	10.1	0.91	383.1	57.37	1.82	梓门

续表6-1

层位及采样点	岩性	样品编号	检测结果												所在剖面
			Au	Sb	W	Cu	Pb	Zn	Mn	Ag	Sn	Mo	As	Hg	Tl	
			ng/g	μg/g	μg/g	μg/g	μg/g	μg/g	μg/g	μg/g	μg/g	μg/g	μg/g	ng/g	μg/g	
γ_5^1	硅化二长花岗岩	BJL-58	19.1	13.72	34.57	30.7	215	325	477.2	0.622	18.5	0.96	3048	84.43	1.68	梓门
γ_5^1	石英脉	BJL-54	0.9	3.15	21.22	13.9	48	13.9	205.2	0.209	3.5	1.99	980.8	36.55	0.02	梓门
γ_5^1	石英脉	BJL-50	4.3	2.93	45.47	19.0	68.5	37.6	153.4	0.56	176.8	1.76	1690	75.35	1.41	梓门
γ_5^1	石英脉	BJL-51	0.9	0.77	19.21	4.1	95	26.2	159.3	0.09	60.2	2.76	154.6	35.65	4	梓门
γ_5^2	二云花岗岩	BJL-100	1.7	0.15	11.00	21.1	23.9	32.5	347.1	0.119	7	1.22	7.6	34.68	1.33	秋旺冲
γ_5^2	二云花岗岩	BJL-101	2.0	0.23	22.49	23.3	86.4	58.7	484.7	0.092	7	1.19	12.29	15.83	1.58	秋旺冲
γ_5^2	二云花岗岩	BJL-102	1.1	0.22	17.88	14.4	97	55.6	560.8	0.111	10.5	9.89	3.33	15.05	1.82	秋旺冲
γ_5^2	二云花岗岩	BJL-103	1.1	0.16	20.35	21.8	74.6	63.3	567.1	0.098	9	1.87	3.36	38.07	1.63	秋旺冲
γ_5^2	二云花岗岩	BJL-106	1.4	0.23	29.72	16.1	85.6	52.2	484.7	0.08	4	1.32	4.15	24.74	1.5	秋旺冲
γ_5^2	石英脉	BJL-104	2.9	0.15	42.23	14.8	68.4	9.9	402.1	0.066	1.5	0.86	10.51	37.95	0.24	秋旺冲
$\gamma\pi$	花岗斑岩脉	BJL-135	10.8	2.85	9.25	193	123.3	58.9	10804	0.315	3	1.77	4.18	122.27	0.61	秋旺冲
	大洋壳克拉克值		4	1	1	100	8.9	130	2000	0.1	1.5	1.7	2.1	90	0.2	
	大陆壳克拉克值		3.4	0.5	1.1	54	13	85	1100	0.07	1.7	1.2	2.2	90	0.6	

续表6-1

层位及采样点	岩性	样品编号	检测结果												所在剖面
			Au	Sb	W	Cu	Pb	Zn	Mn	Ag	Sn	Mo	As	Hg	Tl	
			ng/g	μg/g	μg/g	μg/g	μg/g	μg/g	μg/g	μg/g	μg/g	μg/g	μg/g	ng/g	μg/g	
	中国陆壳克拉克值		4.1	0.15	2.4	38	15	86		0.05	4.1	2	1.9			

测试单位：湖南省有色地质勘查研究院。克拉克值据黎彤，1994。

6.1.2　元素的分形特征

用矿区外围剖面97件样品的成矿元素含量值 w 与大于 w 的样品数 N 的双对数作图，形成元素含量值得分形图（图6-1）。

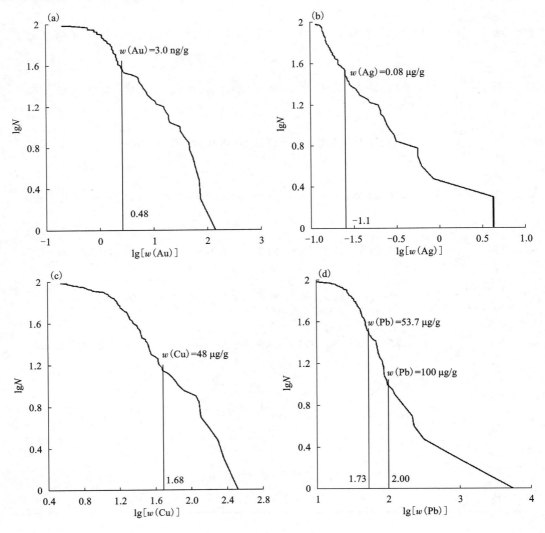

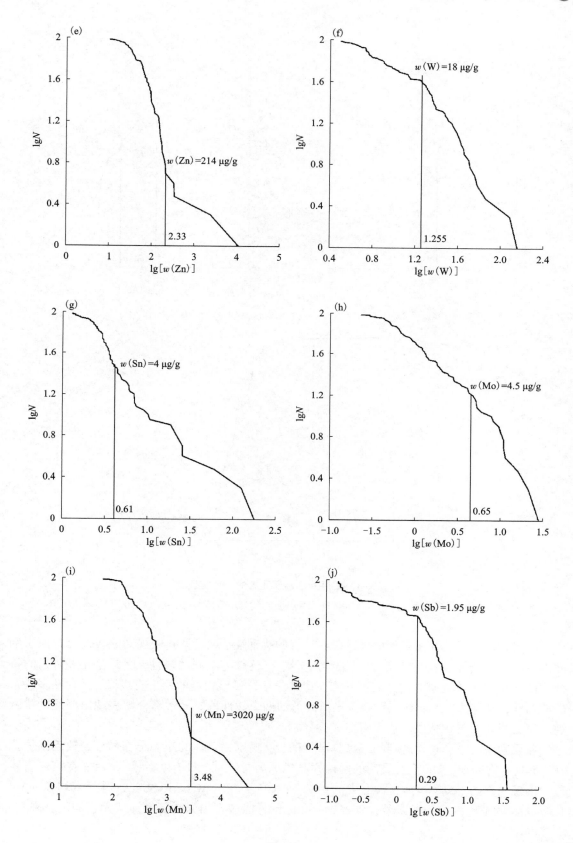

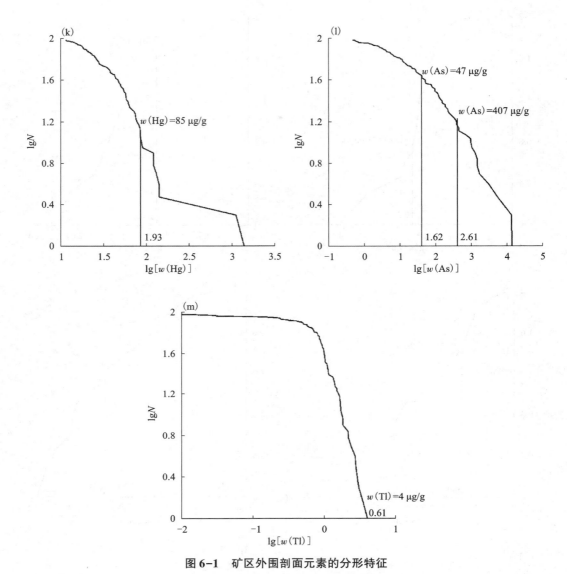

图 6-1　矿区外围剖面元素的分形特征

(a)Au；(b)Ag；(c)Cu；(d)Pb；(e)Zn；(f)W；(g)Sn；(h)Mo；(i)Mn；(j)Sb；(k)Hg；(l)As；(m)Tl

从图 6-1 可见，各元素含量普遍存在较强的扰动性，难以见到较规则的线性段。由于剖面样品中包含岩体、不同时代的地层、构造带、石英脉等不同的岩性，因此存在多背景的特征。按照地球化学数据的内禀属性特点，背景段存在弧形相连的两个直线段，虽存在多背景的波动性，但也基本上能够识别出分维值高低的两个线性段。异常部分则表现出明显的跳跃性。第二线性段与跳跃段的边界可定义为异常下限。

各元素中，Tl 具有较规则的二重分形特征，反映单一总体的正态分布特点，缺乏高值扰动，不具异常表现。Mn 只有最高的两件样品显示异常特征，没有实际意义。Cu 在第二直线段中出现局部的扰动，可能也没有大的意义。Au、Ag、Pb、W、Sn、Sb、As 等元素均在 lgN= 1.4 ~1.6 的范围内出现跳跃段，即 25% ~40% 的样品表现出异常特征。从元素的组合来看，很可能与岩浆热液活动有密切联系。

根据分形特征获得的异常下限值见表 6-2。

表 6-2　分形法确定的异常下限值

元素	Au	Ag	Cu	Pb	Zn	W	Sn	Mo	Mn	Sb	Hg	As	Tl
	ng/g	μg/g	μg/g	μg/g	μg/g	μg/g	μg/g	μg/g	μg/g	μg/g	μg/g	μg/g	μg/g
异常下限	3	0.08	48	100	214	18	4	4.5	3020	1.95	85	407	4

6.1.3　迭代计算的异常下限

通过迭代法确定元素的异常下限值，具体分三步：

①剔除受污染的样品，最终参与计算的是 97 个路线剖面样品，其中 81 个样品采自地层，16 个样品采自岩浆岩。

②所有分析数据进行统计计算，求出其算术平均值 $\bar{x}$ 和标准差 σ 后，进行多次循环剔除 $x \geqslant \bar{x}+3\sigma$，再求得其算术平均值为该元素背景值，以 $\bar{x}+2\sigma$ 稍作取舍后确定为该元素的异常下限值。

③元素的浓度分带是以异常下限值的 1、2、4、8 倍逐级划分，分别圈定浓度带。

97 个样品各元素剔除高样后平均值、异常下限、浓度分带见表 5-3。除了统计全部样品的异常下限外，还分别统计了地层样品(81 个样品)和岩浆岩样品(16 个)的异常下限。由于岩浆岩样本数小，因此异常下限统计值意义有限，仅作参考。

表 6-3　包金山金矿带 97 个路线剖面样品各元素异常下限及浓度分带

元素	单位	10 次剔除后平均值			10 次剔除后异常下限			外带值	中带值	内带值
		全部样品	地层样品	岩浆岩样	全部样品	地层样品	岩浆岩样			
Au	ng/g	2.06	2.33	1.62	5.2	6.10	3.63	10.4	20.8	41.6
Sb	μg/g	1.51	1.58	2.64	4.35	4.48	10.78	8.7	17.4	34.8
W	μg/g	15.81	12.47	24.87	40	32.14	44.63	80	160	320
Cu	μg/g	19.03	20	16.91	40	44.08	31.36	80	160	320
Pb	μg/g	43.54	38.39	74.3	85	72.24	120.00	170	340	680
Zn	μg/g	70.33	74.04	44.51	165	172.78	79.55	330	660	1320
Mn	μg/g	301.72	254.07	412.09	677	549.33	741.15	1354	2708	5416
Ag	μg/g	0.06	0.05	0.22	0.09	0.08	0.69	0.18	0.36	0.72
Sn	μg/g	3.29	3.02	7.25	6	5.19	15.59	12	24	48
Mo	μg/g	1	1.39	1.43	2.25	4.15	2.42	4.5	9	18
As	μg/g	31.72	30.6	298.49	113	104.96	1265.37	226	452	904
Hg	ng/g	40.01	40.2	44.29	84	84.14	104.55	168	336	672
Tl	μg/g	0.91	0.79	1.61	1.9	1.57	3.46	3.8	7.6	15.2

对比分形法与迭代计算法确定的异常下限值(表6-4)可见，Au、W、Sb 等主要成矿元素的差别较大，分形法结果偏低，计算法偏高，可能会漏掉异常。Ag、Cu、Pb、Zn、Sn、Mo、Hg 等异常较为接近，影响不大。As 的分形曲线呈弧形，不易准确判断。Mn 和 Tl 可能意义不大。

表6-4　分形法与迭代法确定的异常下限值对比表

元素	Au	Ag	Cu	Pb	Zn	W	Sn	Mo	Mn	Sb	Hg	As	Tl
	ng/g	μg/g	μg/g	μg/g	μg/g	μg/g	μg/g	μg/g	μg/g	μg/g	μg/g	μg/g	μg/g
分形法	3	0.08	48	100	214	18	4	4.5	3020	1.95	85	407	—
迭代计算	5.2	0.09	40	85	165	40	6	2.25	677	4.35	84	113	1.9

6.1.4　各地质体地球化学特征

从表6-3可知，地层和岩浆岩相比，前者10次剔除后 Au 平均值(2.33 ng/g)明显高于后者(1.62 ng/g)，Au 异常下限(6.10 ng/g)明显高于后者(3.63 ng/g)；但 Sb 的10次剔除后平均值(1.58 μg/g)明显低于后者(2.64 μg/g)，异常下限(4.48 μg/g)明显低于后者(10.78 μg/g)；W 的10次剔除后平均值(12.47 μg/g)明显低于后者(24.87 μg/g)，异常下限(32.14 μg/g)明显低于后者(44.63 μg/g)。因此，从背景值看，地层中 Au 占优，岩浆岩中 Sb 和 W 占优。

表6-5、表6-6、表6-7分别统计了地表剖面不同地质体中样品的平均值、最大值、最小值、标准差、变异系数，表6-8统计了包金山地表剖面全部样品微量元素分布。

表6-5　包金山金矿带地表剖面 Ptbnm$^{2-2}$ 浅变质岩微量元素统计值

层位	岩性	样品数	统计内容	Au	Sb	W	Cu	Pb	Zn	Mn	Ag	Sn	Mo	As	Hg	Tl
				ng/g	μg/g	μg/g	μg/g	μg/g	μg/g	μg/g	μg/g	μg/g	μg/g	μg/g	ng/g	μg/g
板溪群马底驿组第二段第二小层	粉砂质板岩	21	平均值	9.04	2.37	6.87	32.79	38.97	58.08	322.68	0.05	3.24	1.13	82.98	36.79	0.84
			最大值	46.90	12.79	14.02	152.70	114.20	151.00	1228.10	0.08	6.00	4.12	445.10	86.39	1.16
			最小值	0.40	0.16	3.96	4.10	18.40	18.40	57.20	0.04	1.60	0.29	0.48	14.33	0.16
			标准差	13.17	2.95	2.49	38.89	20.33	33.85	286.92	0.01	1.05	1.17	122.75	20.12	0.27
			变异系数	1.46	1.25	0.36	1.19	0.52	0.58	0.89	0.18	0.32	1.04	1.48	0.55	0.31
			异常下限	35.38	5.57	11.85	62.08	58.58	125.77	694.06	0.07	5.33	3.46	328.48	77.02	1.37
	砂质板岩	14	平均值	1.41	2.24	26.46	32.10	66.74	87.44	327.56	0.08	4.49	3.95	235.77	37.22	0.96
			最大值	2.20	4.66	143.70	71.00	313.00	172.00	2134.10	0.27	25.50	11.19	1456.00	75.80	1.69
			最小值	0.30	0.23	3.17	4.90	13.20	30.40	94.90	0.04	2.00	0.42	14.07	15.34	0.48
			标准差	0.67	1.36	35.57	20.88	78.69	45.01	504.78	0.06	5.94	3.75	417.80	18.07	0.35
			变异系数	0.48	0.60	1.34	0.65	1.18	0.51	1.54	0.74	1.32	0.95	1.77	0.49	0.36

续表6-5

层位	岩性	样品数	统计内容	Au	Sb	W	Cu	Pb	Zn	Mn	Ag	Sn	Mo	As	Hg	Tl
				ng/g	μg/g	μg/g	μg/g	μg/g	μg/g	μg/g	μg/g	μg/g	μg/g	μg/g	ng/g	μg/g
板溪群马底驿组第二段第二小层	粉砂质、钙质板岩	2	平均值	1.65	0.17	6.83	14.10	45.25	145.35	367.60	0.06	4.90	1.33	1.83	64.23	1.03
			最大值	2.20	0.17	7.98	16.00	49.20	189.70	397.50	0.08	5.80	1.35	2.81	88.25	1.36
			最小值	1.10	0.16	5.68	12.20	41.30	101.00	337.70	0.05	4.00	1.31	0.84	40.20	0.69
			标准差	0.55	0.01	1.15	1.90	3.95	44.35	29.90	0.02	0.90	0.02	0.99	24.03	0.34
			变异系数	0.33	0.03	0.17	0.13	0.09	0.31	0.08	0.29	0.18	0.02	0.54	0.37	0.33
	破碎蚀变岩	19	平均值	17.02	2.61	21.53	40.04	36.53	55.72	270.22	0.09	3.57	5.38	437.36	49.12	0.75
			最大值	73.80	10.86	60.54	323.40	70.50	334.60	1209.80	0.25	22.50	27.74	5355.00	140.21	2.35
			最小值	0.60	0.16	4.81	4.40	10.20	11.50	75.50	0.04	1.30	0.23	0.61	11.67	0.01
			标准差	23.71	2.93	17.63	71.23	16.76	71.22	260.32	0.07	4.55	7.18	1194.30	35.04	0.53
			变异系数	1.39	1.12	0.82	1.78	0.46	1.28	0.96	0.76	1.27	1.33	2.73	0.71	0.71
	硅化砂质板岩	2	平均值	1.60	5.03	29.36	33.15	157.45	91.55	301.70	0.33	14.10	1.03	823.65	701.44	2.47
			最大值	1.60	6.39	38.51	39.20	227.90	109.80	324.50	0.57	25.50	1.18	1460.00	1386.10	2.77
			最小值	1.60	3.66	20.20	27.10	87.00	73.30	278.90	0.09	2.70	0.88	187.30	16.78	2.17
			标准差	0.00	1.37	9.16	6.05	70.45	18.25	22.80	0.24	11.40	0.15	636.35	684.66	0.30
			变异系数	0.00	0.27	0.31	0.18	0.45	0.20	0.08	0.74	0.81	0.15	0.77	0.98	0.12
	石英脉	5	平均值	15.40	9.76	38.69	79.48	1319.40	2691.60	682.46	1.75	5.90	2.61	2878.92	46.92	0.44
			最大值	59.80	36.54	72.39	223.20	5572.00	10891.0	1626.60	4.28	20.20	7.75	13280.0	81.86	1.29
			最小值	1.40	0.28	17.35	15.30	18.60	14.70	152.90	0.06	1.50	0.69	5.18	14.53	0.01
			标准差	22.31	13.83	19.26	83.32	2151.24	4195.34	600.87	2.06	7.17	2.61	5215.88	26.26	0.46
			变异系数	1.45	1.42	0.50	1.05	1.63	1.56	0.88	1.18	1.22	1.00	1.81	0.56	1.03
总数		63														
大洋壳克拉克值				4	1.0	1.0	100	8.9	130	2000	0.100	1.5	1.7	2.1	90	0.2
大陆壳克拉克值				3.4	0.5	1.1	54	13	85	1100	0.070	1.7	1.2	2.2	90	0.6
中国陆壳克拉克值				4.1	0.15	2.4	38	15	86		0.050	4.1	2.0	1.9		

表6-6 包金山金矿带地表剖面 D₃S、Ptbnm²⁻¹、Ptbnm²⁻³、Ptbnm³ 微量元素统计值

层位	岩性	样品数	统计内容	Au ng/g	Sb µg/g	W µg/g	Cu µg/g	Pb µg/g	Zn µg/g	Mn µg/g	Ag µg/g	Sn µg/g	Mo µg/g	As µg/g	Hg ng/g	Tl µg/g
泥盆系佘田桥组	页岩、粉砂岩	4	平均值	5.88	2.91	20.02	11.78	37.60	122.23	366.70	0.09	2.78	0.58	19.89	327.77	0.55
			最大值	11.20	4.27	23.24	27.70	88.60	169.70	632.90	0.21	4.40	0.99	41.30	1109.00	1.51
			最小值	2.20	2.25	13.70	3.50	11.00	63.60	126.90	0.05	1.70	0.35	3.96	18.73	0.03
			标准差	3.68	0.79	3.75	9.39	30.04	46.11	194.28	0.07	1.05	0.25	15.34	452.53	0.60
			变异系数	0.63	0.27	0.19	0.80	0.80	0.38	0.53	0.77	0.38	0.43	0.77	1.38	1.09
板溪群马底驿组第二段第一小层	粉砂质板岩	2	平均值	2.30	0.76	18.93	24.45	43.45	86.80	2502.00	0.14	4.20	0.55	7.83	100.16	0.53
			最大值	2.60	1.34	24.42	42.10	46.30	107.10	2649.10	0.20	5.50	0.61	10.24	141.61	0.81
			最小值	2.00	0.17	13.44	6.80	40.60	66.50	2354.90	0.07	2.90	0.49	5.42	58.71	0.25
			标准差	0.30	0.59	5.49	17.65	2.85	20.30	147.10	0.07	1.30	0.06	2.41	41.45	0.28
			变异系数	0.13	0.77	0.29	0.72	0.07	0.23	0.06	0.49	0.31	0.11	0.31	0.41	0.53
	接触带蚀变岩	1	原生晕值	3.6	0.54	31.95	19.1	41.8	96.2	366.3	0.041	6.1	2.36	111.91	90.99	2.68
板溪群马底驿组第二段第三小层	砂质、钙质板岩	4	平均值	5.53	0.39	5.06	21.68	39.28	88.48	525.80	0.05	3.45	0.55	3.63	69.67	0.84
			最大值	15.40	1.05	5.40	31.90	48.20	206.90	856.60	0.07	3.80	0.91	8.52	131.41	0.99
			最小值	1.70	0.15	4.61	15.20	33.50	34.60	349.20	0.04	2.60	0.42	1.75	15.86	0.67
			标准差	5.71	0.38	0.33	6.39	5.45	70.08	195.29	0.01	0.50	0.21	2.84	41.36	0.15
			变异系数	1.03	0.99	0.06	0.29	0.14	0.79	0.37	0.19	0.14	0.38	0.78	0.59	0.17
板溪群马底驿组第三段	钙质板岩	2	平均值	1.95	0.16	4.60	12.55	30.00	70.15	439.05	0.06	3.90	0.90	12.54	43.32	1.35
			最大值	2.00	0.16	5.79	13.30	31.20	73.40	470.20	0.08	4.40	1.05	13.21	43.54	1.76
			最小值	1.90	0.15	3.41	11.80	28.80	66.90	407.90	0.04	3.40	0.74	11.87	43.09	0.93
			标准差	0.05	0.01	1.19	0.75	1.20	3.25	31.15	0.02	0.50	0.16	0.67	0.23	0.42
			变异系数	0.03	0.03	0.26	0.06	0.04	0.05	0.07	0.30	0.13	0.17	0.05	0.01	0.31
	断层破碎带岩	5	平均值	29.48	2.24	28.62	47.68	65.36	135.54	7292.52	0.15	3.32	3.65	17.29	33.31	0.91
			最大值	138.40	8.74	121.70	110.40	144.30	204.30	31604.00	0.30	4.90	15.81	41.57	63.23	1.02
			最小值	0.60	0.15	4.48	20.10	41.00	91.90	765.90	0.06	2.30	0.50	2.63	11.62	0.78
			标准差	54.49	3.33	46.54	32.17	39.58	41.50	12157.95	0.10	0.87	6.08	14.73	17.26	0.09
			变异系数	1.85	1.49	1.63	0.67	0.61	0.31	1.67	0.67	0.26	1.67	0.85	0.52	0.10

续表6-6

层位	岩性	样品数	统计内容	Au ng/g	Sb µg/g	W µg/g	Cu µg/g	Pb µg/g	Zn µg/g	Mn µg/g	Ag µg/g	Sn µg/g	Mo µg/g	As µg/g	Hg ng/g	Tl µg/g
	总数	18														
			大洋壳克拉克值	4	1.0	1.0	100	8.9	130	2000	0.100	1.5	1.7	2.1	90	0.2
			大陆壳克拉克值	3.4	0.5	1.1	54	13	85	1100	0.070	1.7	1.2	2.2	90	0.6
			中国陆壳克拉克	4.1	0.15	2.4	38	15	86		0.050	4.1	2.0	1.9		

表 6-7 包金山地表剖面岩浆岩微量元素统计值

层位	岩性	样品数	统计内容	Au ng/g	Sb µg/g	W µg/g	Cu µg/g	Pb µg/g	Zn µg/g	Mn µg/g	Ag µg/g	Sn µg/g	Mo µg/g	As µg/g	Hg ng/g	Tl µg/g
印支期第一次二长花岗岩 γ_5^1	二长花岗岩	3	平均值	11.30	15.17	25.90	11.07	75.33	49.03	415.67	0.33	45.77	1.20	4881.95	36.57	2.18
			最大值	31.90	33.83	35.49	19.40	81.60	54.40	563.80	0.85	124.40	1.40	13910.00	78.27	3.01
			最小值	0.20	0.23	18.35	6.30	67.90	40.30	206.20	0.05	6.00	1.00	33.45	13.19	1.40
			标准差	14.58	13.97	7.14	5.91	5.65	6.23	152.30	0.37	55.60	0.16	6389.63	29.56	0.66
			变异系数	1.29	0.92	0.28	0.53	0.08	0.13	0.37	1.14	1.21	0.14	1.31	0.81	0.30
	硅化二长花岗岩	3	平均值	7.27	5.69	27.13	24.00	110.93	178.23	523.33	0.27	11.97	1.04	1206.73	54.28	1.71
			最大值	19.10	13.72	34.57	30.70	215.00	325.00	721.70	0.62	18.50	1.26	3048.00	84.43	1.82
			最小值	0.90	1.41	22.43	14.10	45.90	67.20	371.10	0.07	7.30	0.91	189.10	21.05	1.64
			标准差	8.38	5.68	5.32	7.14	74.35	108.24	146.80	0.25	4.76	0.15	1304.38	25.97	0.08
			变异系数	1.15	1.00	0.20	0.30	0.67	0.61	0.28	0.92	0.40	0.15	1.08	0.48	0.05
	石英脉	3	平均值	2.03	2.28	28.63	12.33	70.50	25.90	172.63	0.29	80.17	2.17	941.80	49.18	1.81
			最大值	4.30	3.15	45.47	19.00	95.00	37.60	205.20	0.56	176.80	2.76	1690.00	75.35	4.00
			最小值	0.90	0.77	19.21	4.10	48.00	13.90	153.40	0.09	3.50	1.76	154.60	35.65	0.02
			标准差	1.60	1.07	11.93	6.18	19.24	9.68	23.15	0.20	72.14	0.43	627.43	18.51	1.65
			变异系数	0.79	0.47	0.42	0.50	0.27	0.37	0.13	0.70	0.90	0.20	0.67	0.38	0.91
燕山期二云花岗岩 γ_5^2	二云花岗岩	5	平均值	1.46	0.20	20.29	19.34	73.50	52.46	488.88	0.10	7.50	3.10	6.15	25.67	1.57
			最大值	2.00	0.23	29.72	23.30	97.00	63.30	567.10	0.12	10.50	9.89	12.29	38.07	1.82
			最小值	1.10	0.15	11.00	14.40	23.90	32.50	347.10	0.08	4.00	1.19	3.33	15.05	1.33
			标准差	0.35	0.04	6.10	3.46	25.79	10.63	79.28	0.01	2.19	3.40	3.45	9.44	0.16
			变异系数	0.24	0.18	0.30	0.18	0.35	0.20	0.16	0.14	0.29	1.10	0.56	0.37	0.10
	石英脉	1	原生晕值	2.9	0.15	42.23	14.8	68.4	9.9	402.1	0.066	1.5	0.86	10.51	37.95	0.24

续表6-7

层位	岩性	样品数	统计内容	Au	Sb	W	Cu	Pb	Zn	Mn	Ag	Sn	Mo	As	Hg	Tl
				ng/g	μg/g	μg/g	μg/g	μg/g	μg/g	μg/g	μg/g	μg/g	μg/g	μg/g	ng/g	μg/g
花岗斑岩脉	花岗斑岩脉	1	原生晕值	10.8	2.85	9.25	193	123.3	58.9	10804	0.315	3	1.77	4.18	122.27	0.61
大洋壳克拉克值				4	1.0	1.0	100	8.9	130	2000	0.100	1.5	1.7	2.1	90	0.2
大陆壳克拉克值				3.4	0.5	1.1	54	13	85	1100	0.070	1.7	1.2	2.2	90	0.6
中国陆壳克拉克值				4.1	0.15	2.4	38	15	86		0.050	4.1	2.0	1.9		

表6-8　包金山地表剖面全部样品微量元素统计值

样品	统计内容	Au	Sb	W	Cu	Pb	Zn	Mn	Ag	Sn	Mo	As	Hg	Tl
		ng/g	μg/g	μg/g	μg/g	μg/g	μg/g	μg/g	μg/g	μg/g	μg/g	μg/g	ng/g	μg/g
全部97个样品	平均值	9.32	2.99	19.69	34.05	119.60	210.88	871.27	0.19	8.10	2.66	524.42	70.47	1.00
	最大值	138.40	36.54	143.70	323.40	5572.00	10891.00	31604.00	4.28	176.80	27.74	13910.00	1386.10	4.00
	最小值	0.20	0.15	3.17	3.50	10.20	9.90	57.20	0.04	1.30	0.23	0.48	11.62	0.01
	标准差	19.80	5.49	22.02	47.90	564.67	1115.85	3340.33	0.61	22.23	4.28	2017.17	174.61	0.67
	变异系数	2.12	1.84	1.12	1.41	4.72	5.29	3.83	3.15	2.74	1.61	3.85	2.48	0.67
剔除特高样后93个样品	平均值	8.63	2.16	17.64	32.72	53.93	74.79	562.74	0.10	6.84	2.50	243.17	72.09	0.98
	最大值	138.40	13.72	143.70	323.40	313.00	334.60	10804.00	0.62	176.80	27.74	5355.00	1386.10	4.00
	最小值	0.20	0.15	3.17	3.50	10.20	9.90	57.20	0.04	1.30	0.23	0.48	11.62	0.01
	标准差	19.37	2.76	18.79	47.21	46.57	59.03	1171.20	0.11	19.14	4.11	694.96	178.12	0.65
	变异系数	2.24	1.28	1.07	1.44	0.86	0.79	2.08	1.09	2.80	1.64	2.86	2.47	0.66
大洋壳克拉克值		4	1.0	1.0	100	8.9	130	2000	0.100	1.5	1.7	2.1	90	0.2
大陆壳克拉克值		3.4	0.5	1.1	54	13	85	1100	0.070	1.7	1.2	2.2	90	0.6
中国陆壳克拉克		4.1	0.15	2.4	38	15	86		0.050	4.1	2.0	1.9		

剔除样号：BJL56、59、60、123。

　　这些统计结果显示，如果剔除有热液活动背景的样品，各地层单位、侵入岩的Au元素含量普遍接近或低于克拉克值；97个样品中66个样品低于克拉克值；97个样品的平均值达到克拉克值2.3倍，最大值超过克拉克值30倍；变异系数2.12，在全部13个元素中排第8位，表明Au元素迁移富集活动在研究区地表接近中等水平稍微偏下。剔除4个特高样后，Au的变异系数上升到第4位，这可能意味着Au的迁移富集活动实际上在本地区排到中等偏上水平。没有明显的证据表明，在没有热液活动的情况下，包金山周边存在含量明显超过克拉克值的地层或岩体单位。因此，热液（流体）的长期活动活化萃取围岩Au元素是包金山金矿带Au成矿的尤其重要的条件。

As 是 13 个元素中与克拉克值相比含量最高的元素。在全部 97 个样品中只有 12 个样品的值低于克拉克值，平均值达到克拉克值的 260 倍，变异系数 3.85 排第 3 位，剔除特高样后变异系数排到了第 1 位。这意味着该地区 As 元素普遍含量很高而且迁移富集最强烈。

W 是 13 个元素中与克拉克值相比含量第 2 高的元素。全部 97 个样品都高于克拉克值，平均值达到克拉克值的 18 倍；统计结果同时显示，W 的变异系数仅高于 Tl，排倒数第 2，剔除特高样后变异系数排倒数第 4。这意味着该地区 W 背景值普遍很高但元素迁移富集活动偏弱。

Pb 是 13 个元素中与克拉克值相比含量第 3 高的元素。97 个样品中只有 4 个样品低于克拉克值，平均值达到克拉克值的 8 倍。变异系数 4.72，仅次于 Zn，13 个元素中排第 2，剔除特高样后排倒数第 3。这意味着该地区 W 背景值普遍很高但元素迁移富集活动偏弱。

其他元素的平均值与克拉克值相比含量高低差异不很明显。

就变异系数而言，除了上述诸元素，Sn 和 Hg 也值得重视，剔除特高样后排第 2 位和第 3 位。

Sb 的变异系数在全部 97 个样品中排第 9，剔除特高样后第 8，表明迁移富集强度中等偏弱。

6.2　矿区岩石地球化学剖面研究

6.2.1　矿区岩石剖面部署

包金山金矿床探矿权范围内，选择了 ZK4204、ZK4203、ZK5802、ZK5803 四个钻孔的重要蚀变矿化段岩心进行了编录和等间距地球化学采样，共采集岩石样品 52 件，进行 13 成矿元素含量测试（表 6-9），完成原生晕 42、58 线地质-地球化学综合剖面图。井下选择三条穿脉巷道进行编录和取样，分别为 -50 中段的 -50CM42S 剖面、-20 中段的 -20CM50S 剖面、-20 中段的 -20CM52S 剖面，采样 65 件并测试 13 成矿元素含量（表 6-9），完成了地质-地球化学剖面图。

表6-9　包金山金矿坑道、钻孔原生晕样品微量元素光谱分析结果

层位及采样点	岩性	原编号	Au ng/g	Sb µg/g	W µg/g	Cu µg/g	Pb µg/g	Zn µg/g	Mn µg/g	Ag µg/g	Sn µg/g	Mo µg/g	As µg/g	Hg ng/g	Tl µg/g	所在位置
Ptbnm$^{2-3}$	粉砂质板岩	BJJ-48	6.7	5.61	13.13	19.9	25.4	138.5	1049.3	0.060	4.2	1.66	61.94	60.36	0.74	-20CM50S
Ptbnm$^{2-3}$	粉砂质板岩	BJJ-49	4.6	2.10	10.97	3.2	27.1	74.1	3010.9	0.072	3.6	0.78	39.19	44.98	0.73	-20CM50S
Ptbnm$^{2-3}$	粉砂质板岩	BJJ-71	6.3	1.71	6.36	2.1	27.9	87.5	3474.7	0.060	3.1	0.28	42.80	61.38	0.66	-20CM52S

续表6-9

层位及采样点	岩性	原编号	Au	Sb	W	Cu	Pb	Zn	Mn	Ag	Sn	Mo	As	Hg	Tl	所在位置
			ng/g	μg/g	μg/g	μg/g	μg/g	μg/g	μg/g	μg/g	μg/g	μg/g	μg/g	ng/g	μg/g	
Ptbnm$^{2-3}$	粉砂质板岩	BJJ-74	167.7	16.24	20.06	4.5	51.8	177.5	1094.4	0.043	3.9	0.53	210.20	49.90	0.53	-20CM52S
Ptbnm$^{2-3}$	粉砂质板岩	BJJ-76	40.1	1.04	21.85	3.7	33.5	89.5	1570.7	0.059	4.2	1.04	7.78	49.73	0.65	-20CM52S
Ptbnm$^{2-3}$	粉砂质板岩	BJJ-80	6.2	4.42	28.51	5.0	29.4	96.8	997.4	0.032	3.1	0.38	35.88	84.44	0.65	-20CM52S
Ptbnm$^{2-3}$	粉砂质板岩	BJJ-81	17.2	4.19	34.63	5.5	33.8	94.1	1171.3	0.042	4.1	0.37	74.25	45.21	0.56	-20CM52S
Ptbnm$^{2-3}$	粉砂质板岩	BJJ-82	10458	0.89	11.99	17.9	66.1	35.5	419.2	0.059	2.7	3.06	17.38	47.86	0.01	-20CM52S
Ptbnm$^{2-3}$	粉砂质板岩	BJJ-85	50.7	0.15	18.37	3.1	33.8	66.5	990.2	0.036	6.4	0.28	19.82	50.97	0.60	-20CM52S
Ptbnm$^{2-6}$	粉砂质板岩	BJJ-302	10.6	0.71	10.26	1.8	35.6	49.4	2313.8	0.053	2.8	0.36	43.48	56.13	0.21	-50CM42
Ptbnm$^{2-6}$	粉砂质板岩	BJJ-303	5.3	0.76	10.72	2.3	35.2	61.6	2436.7	0.059	3.2	0.20	6.03	43.13	0.28	-50CM42
Ptbnm$^{2-6}$	粉砂质板岩	BJJ-304	23.3	3.39	9.82	3.2	34.6	118.9	2271.6	0.043	3.1	0.21	10.63	44.20	0.62	-50CM42
Ptbnm$^{2-6}$	粉砂质板岩	BJJ-305	17.2	0.15	19.50	8.6	17.8	17.5	277.0	0.053	2.0	0.61	13.97	47.96	0.01	-50CM42
Ptbnm$^{2-6}$	粉砂质板岩	BJJ-306	13.5	4.07	25.11	4.4	30.2	79.1	1400.3	0.041	3.8	0.51	29.15	60.04	0.58	-50CM42
Ptbnm$^{2-6}$	粉砂质板岩	BJJ-315	6.5	0.69	8.91	9.2	17.5	6.0	148.3	0.033	1.7	2.74	7.14	11.42	0.03	-50CM42

续表6-9

层位及采样点	岩性	原编号	Au	Sb	W	Cu	Pb	Zn	Mn	Ag	Sn	Mo	As	Hg	Tl	所在位置
			ng/g	μg/g	μg/g	μg/g	μg/g	μg/g	μg/g	μg/g	μg/g	μg/g	μg/g	ng/g	μg/g	
Ptbnm$^{2-6}$	粉砂质板岩	BJJ-316	83.5	1.70	14.88	14.5	35.0	33.9	1751.9	0.040	3.6	0.31	5.90	18.14	0.41	-50CM42
Ptbnm$^{2-6}$	粉砂质板岩	BJJ-317	9.9	3.30	16.72	1.8	31.6	72.3	1373.9	0.039	4.9	0.55	43.56	19.50	0.43	-50CM42
Ptbnm$^{2-6}$	粉砂质板岩	BJJ-318	8.0	1.68	22.87	3.5	34.3	65.3	999.9	0.039	4.8	0.62	9.31	46.85	0.42	-50CM42
Ptbnm$^{2-6}$	粉砂质板岩	BJJ-320	35.4	2.94	23.75	3.2	43.5	65.6	1099.8	0.037	3.6	4.55	63.48	27.50	0.51	-50CM42
Ptbnm$^{2-6}$	粉砂质板岩	BJJ-321	14.2	2.00	13.64	2.3	78.2	63.7	1050.7	0.047	2.7	0.86	56.53	67.35	0.36	-50CM42
Ptbnm$^{2-6}$	粉砂质板岩	BJJ-322	90.8	5.82	17.44	127.2	27.7	87.6	954.2	0.055	4.5	0.53	219.10	50.11	0.37	-50CM42
Ptbnm$^{2-6}$	粉砂质板岩	BJJ-323	6.1	2.41	15.97	4.1	30.3	89.4	790.1	0.038	3.2	0.56	21.33	41.61	0.58	-50CM42
Ptbnm$^{2-3}$	粉砂质板岩	BJJ-86-1	2.5	2.02	15.53	9.0	30.5	77.5	1033.7	0.033	2.5	0.32	7.60	61.52	0.50	-20 中段
Ptbnm$^{2-5}$	粉砂质板岩	BJJ-91	5.5	4.17	38.17	57.0	22.1	110.7	522.7	0.043	3.6	0.27	62.34	53.81	1.09	-20 中段
Ptbnm$^{2-6}$	粉砂质板岩	BJJ-96	182.9	4.43	35.05	2.8	29.6	77.3	1022.5	0.040	3.5	0.34	41.50	59.43	0.43	-20 中段
Ptbnm$^{2-3}$	钙质粉砂质板岩	4204-1	3.2	1.04	15.27	172.8	74.9	103.6	733.0	0.100	3.5	0.75	2.37	87.26	0.29	42 剖面

续表6-9

层位及采样点	岩性	原编号	Au ng/g	Sb μg/g	W μg/g	Cu μg/g	Pb μg/g	Zn μg/g	Mn μg/g	Ag μg/g	Sn μg/g	Mo μg/g	As μg/g	Hg ng/g	Tl μg/g	所在位置
Ptbnm$^{2-3}$	钙质粉砂质板岩	4204-3	7.7	5.94	19.97	80.0	40.2	107.5	981.5	0.056	12.4	0.52	7.46	98.28	0.47	42剖面
Ptbnm$^{2-3}$	钙质粉砂质板岩	4204-4	8.3	3.42	20.42	58.7	29.3	99.7	1048.1	0.052	3.2	0.79	154.30	28.46	0.46	42剖面
Ptbnm$^{2-3}$	钙质粉砂质板岩	BJJ-44	19.4	3.76	26.36	394.9	23.2	125.2	584.9	0.085	2.7	1.27	43.86	67.93	1.17	-20CM50S
Ptbnm$^{2-3}$	钙质板岩	4203-13	2.5	1.17	18.14	4.3	32.9	78.0	1509.1	0.061	3.1	0.45	18.49	20.78	0.54	42剖面
Ptbnm$^{2-3}$	钙质板岩	4203-14	3.3	2.09	26.83	7.1	35.0	89.5	1665.5	0.055	7.4	0.59	25.74	16.76	0.53	42剖面
Ptbnm$^{2-3}$	钙质板岩	4203-15	7.3	0.92	15.50	6.3	38.9	83.9	1700.2	0.056	4.1	0.58	5.35	16.40	0.45	42剖面
Ptbnm$^{2-3}$	钙质板岩	4203-16	3.9	1.62	27.69	6.4	45.1	71.3	1445.1	0.051	5.5	0.48	2.51	10.32	0.35	42剖面
Ptbnm$^{2-3}$	钙质板岩	5803-H1	75.5	2.91	18.75	7.8	96.6	75.5	1046.8	0.118	4.8	0.45	15.03	12.58	0.71	58剖面
Ptbnm$^{2-3}$	钙质板岩	5803-H2	42.1	2.85	27.47	19.3	250.5	107.2	1205.2	0.476	10.0	1.18	25.06	24.08	0.54	58剖面
Ptbnm$^{2-3}$	钙质板岩	5803-H8	29.3	2.97	26.99	65.1	50.3	150.1	1887.2	0.043	4.2	0.47	9.37	198.08	0.60	58剖面
Ptbnm$^{2-3}$	钙质板岩	5803-H9	6.0	1.00	16.48	9.4	132.5	70.6	2810.4	0.211	3.3	0.35	6.20	34.06	0.39	58剖面
Ptbnm$^{2-3}$	钙质板岩	5803-H10	16.5	2.89	22.34	136.5	111.7	89.7	889.1	0.123	4.6	0.85	32.65	76.08	0.76	58剖面
Ptbnm$^{2-6}$	钙质板岩	BJJ-307	11.2	1.46	7.63	2.0	46.6	41.2	3571.8	0.070	2.9	0.17	6.77	57.10	0.10	-50CM42
Ptbnm$^{2-6}$	钙质板岩	BJJ-309	17.3	2.80	16.52	4.0	37.0	63.2	2082.0	0.060	3.4	0.54	22.25	53.96	0.31	-50CM42

续表6-9

层位及采样点	岩性	原编号	Au ng/g	Sb μg/g	W μg/g	Cu μg/g	Pb μg/g	Zn μg/g	Mn μg/g	Ag μg/g	Sn μg/g	Mo μg/g	As μg/g	Hg ng/g	Tl μg/g	所在位置
Ptbnm$^{2-6}$	钙质板岩	BJJ-310	50.2	3.80	13.86	6.9	36.1	284.6	1843.3	0.051	3.0	1.00	27.33	24.74	0.10	−50CM42
Ptbnm$^{2-6}$	钙质板岩	BJJ-311	13.7	4.03	17.48	3.7	35.2	74.9	1380.7	0.041	3.1	0.35	57.70	38.25	0.52	−50CM42
Ptbnm$^{2-6}$	钙质板岩	BJJ-312	5.6	5.24	21.44	1.2	36.7	63.7	1528.0	0.044	4.0	0.28	22.89	19.98	0.46	−50CM42
Ptbnm$^{2-6}$	钙质板岩	BJJ-313	11.6	1.62	95.19	2.5	41.5	40.4	1666.2	0.057	3.7	0.62	5.91	10.31	0.23	−50CM42
Ptbnm$^{2-6}$	钙质板岩	BJJ-314	170.8	42.67	20.07	26.5	56.9	129.4	1713.6	0.044	2.1	3.97	377.90	37.72	0.76	−50CM42
Ptbnm$^{2-6}$	钙质板岩	BJJ-301	33.2	2.50	6.26	7.6	38.7	25.8	2073.9	0.105	2.8	0.23	13.78	49.38	0.02	−50CM42
Ptbnm$^{2-3}$	蚀变斑点板岩	4203-1	2.5	0.71	19.17	15.5	34.0	107.1	445.2	0.047	2.5	0.30	4.98	61.66	0.70	42 剖面
Ptbnm$^{2-3}$	蚀变斑点板岩	4203-2	3.7	64.15	14.85	756.5	28.9	105.3	487.6	0.530	8.9	3.42	47.84	23.00	0.62	42 剖面
Ptbnm$^{2-3}$	蚀变斑点板岩	4204-7	8.7	46.39	16.17	104.4	32.2	73.6	1036.3	0.150	3.0	0.25	4.72	54.88	0.33	42 剖面
Ptbnm$^{2-3}$	蚀变斑点板岩	4204-8	110.7	3.17	14.82	11.7	37.0	75.2	955.7	0.042	4.1	0.81	6.46	74.71	0.70	42 剖面
Ptbnm$^{2-4}$	蚀变斑点板岩	BJJ-90	13.2	4.37	25.25	24.9	35.0	91.0	618.3	0.039	2.7	1.87	33.45	60.06	0.67	−20 中段
Ptbnm$^{2-3}$	蚀变粉砂质板岩	4204-15	51.1	2.17	11.22	5.6	62.0	67.9	1792.0	0.091	2.1	0.26	35.57	141.35	0.28	42 剖面
Ptbnm$^{2-3}$	蚀变粉砂质板岩	4204-16	16.4	23.10	14.91	220.4	46.8	89.7	1841.6	0.106	3.3	0.57	108.70	95.20	0.64	42 剖面

续表6-9

层位及采样点	岩性	原编号	Au ng/g	Sb μg/g	W μg/g	Cu μg/g	Pb μg/g	Zn μg/g	Mn μg/g	Ag μg/g	Sn μg/g	Mo μg/g	As μg/g	Hg ng/g	Tl μg/g	所在位置
Ptbnm$^{2-3}$	蚀变粉砂质板岩	BJJ-34	49.2	1.17	14.51	8.5	26.2	111.0	1109.2	0.052	2.6	0.35	7.52	72.32	0.64	-20CM50S
Ptbnm$^{2-3}$	蚀变粉砂质板岩	BJJ-36	5.2	0.87	14.52	9.7	29.3	148.9	1254.3	0.054	2.8	0.46	12.83	40.81	0.51	-20CM50S
Ptbnm$^{2-3}$	蚀变板岩	5802-H1	98.5	6.49	22.45	38.1	34.8	77.9	1407.2	0.049	3.4	0.50	234.10	76.15	0.91	58剖面
Ptbnm$^{2-3}$	蚀变板岩	5802-H2	90.8	3.62	34.29	83.1	44.4	75.7	1267.9	0.069	5.2	1.64	39.90	112.60	0.68	58剖面
Ptbnm$^{2-3}$	蚀变板岩	5802-H4	31.1	8.46	33.49	9.8	29.0	108.9	1203.2	0.047	4.6	0.63	171.70	27.15	1.08	58剖面
Ptbnm$^{2-3}$	蚀变板岩	5802-H5	312.3	6.71	44.62	21.7	50.7	110.2	1096.7	0.045	3.4	1.65	1046	27.36	0.80	58剖面
Ptbnm$^{2-3}$	蚀变板岩	5802-H6	103.8	9.98	29.24	13.3	39.9	133.4	1141.5	0.048	3.1	0.53	444.70	28.09	0.76	58剖面
Ptbnm$^{2-3}$	硅化板岩	BJJ-41	39.5	5.78	21.03	224.8	35.8	155.5	1494.9	0.087	2.9	0.62	525.30	65.92	0.83	-20CM50S
Ptbnm$^{2-7}$	蚀变板岩	BJJ-93	66.2	14.26	53.77	118.3	30.3	113.9	561.0	0.047	3.9	6.78	266.60	66.74	1.32	-20中段
Ptbnm$^{2-3}$	蚀变钙质板岩	4203-4	2.2	0.51	13.09	11.1	40.4	74.9	2057.7	0.056	3.1	0.30	5.71	124.89	0.45	42剖面
Ptbnm$^{2-3}$	蚀变钙质板岩	4203-5	1.9	7.92	18.28	16.9	49.0	83.2	954.7	0.065	4.8	1.27	39.66	128.51	0.29	42剖面
Ptbnm$^{2-3}$	蚀变钙质板岩	4203-6	30.7	4.74	19.90	12.3	40.5	101.3	690.9	0.043	3.1	1.81	33.35	83.26	0.93	42剖面
Ptbnm$^{2-3}$	蚀变钙质板岩	4203-7	91.0	2.20	8.83	8.2	37.9	49.5	1158.5	0.064	2.7	0.31	18.88	154.39	0.36	42剖面

续表6-9

层位及采样点	岩性	原编号	Au ng/g	Sb μg/g	W μg/g	Cu μg/g	Pb μg/g	Zn μg/g	Mn μg/g	Ag μg/g	Sn μg/g	Mo μg/g	As μg/g	Hg ng/g	Tl μg/g	所在位置
Ptbnm$^{2-3}$	蚀变钙质板岩	4204-H17	326.8	1161	18.74	3844.0	31.1	154.1	1251.5	1.874	2.2	0.91	426.70	16.66	1.03	42 剖面
Ptbnm$^{2-3}$	蚀变钙质板岩	4204-H18	42.7	10.75	31.27	120.7	36.6	63.0	682.9	0.093	2.8	1.69	208.60	84.26	0.95	42 剖面
Ptbnm$^{2-3}$	蚀变钙质板岩	4204-H19	8.7	2.91	25.45	10.1	44.1	70.7	1644.0	0.060	2.5	2.44	29.97	25.30	0.42	42 剖面
Ptbnm$^{2-3}$	蚀变钙质板岩	4204-H20	8.3	4.80	27.94	4.5	36.4	77.7	1203.9	0.046	3.0	0.38	19.90	25.34	0.64	42 剖面
Ptbnm$^{2-3}$	硅化钙质板岩	4204-11	103.2	4.47	14.60	17.1	44.4	51.3	1320.6	0.054	1.8	7.36	103.16	109.38	0.23	42 剖面
Ptbnm$^{2-3}$	硅化钙质板岩	4204-12	511.1	2.75	15.82	11.4	42.2	65.1	1343.2	0.055	2.9	1.77	21.05	33.06	0.54	42 剖面
Ptbnm$^{2-3}$	硅化钙质板岩	4204-13	9.0	1.23	11.25	3.9	35.3	41.2	1347.9	0.044	3.1	0.17	23.88	34.54	0.27	42 剖面
Ptbnm$^{2-3}$	硅化钙质板岩	4204-14	4.7	1.53	7.92	4.3	51.2	32.1	1911.3	0.079	1.8	0.27	15.01	25.66	0.16	42 剖面
Ptbnm$^{2-3}$	破碎蚀变板岩	5802-H3	266.1	6.41	34.67	296.6	38.7	84.1	1936.1	0.160	3.7	0.59	126.50	92.01	0.69	58 剖面
Ptbnm$^{2-3}$	破碎蚀变板岩	5803-H3	159.9	0.47	21.84	24.7	30.7	63.6	1109.7	0.056	4.1	1.16	15.79	44.44	0.22	58 剖面
Ptbnm$^{2-3}$	破碎蚀变板岩	5803-H4	73.0	1.77	22.05	15.3	40.4	89.1	1226.7	0.044	4.9	0.98	74.74	54.17	0.85	58 剖面
Ptbnm$^{2-3}$	破碎蚀变板岩	5803-H5	157.3	5.03	28.23	28.8	41.7	60.2	2282.4	0.068	2.5	2.10	1258.0	73.89	0.95	58 剖面

续表6-9

层位及采样点	岩性	原编号	Au	Sb	W	Cu	Pb	Zn	Mn	Ag	Sn	Mo	As	Hg	Tl	所在位置
			ng/g	μg/g	μg/g	μg/g	μg/g	μg/g	μg/g	μg/g	μg/g	μg/g	μg/g	ng/g	μg/g	
Ptbnm²⁻³	破碎蚀变板岩	5803-H6	100.6	1.02	38.91	50.8	36.1	82.6	1756.2	0.048	3.1	0.45	51.68	26.76	0.33	58 剖面
Ptbnm²⁻³	破碎蚀变板岩	5803-H7	134.9	1.92	24.52	28.8	41.9	76.7	2073.7	0.044	3.0	0.31	79.23	62.10	0.73	58 剖面
Ptbnm²⁻³	破碎蚀变板岩	BJJ-37	26.1	1.17	14.82	21.1	19.5	120.5	1119.8	0.056	2.5	0.66	2.10	44.76	0.51	-20CM50S
Ptbnm²⁻³	破碎蚀变板岩	BJJ-38	6.1	0.81	16.99	26.6	26.8	142.3	1633.6	0.067	3.2	0.50	30.58	45.25	0.74	-20CM50S
Ptbnm²⁻³	破碎蚀变板岩	BJJ-83	540.7	1.61	20.18	6.7	48.8	76.3	1290.8	0.051	3.1	0.43	27.87	67.56	0.51	-20CM52S
Ptbnm²⁻³	破碎蚀变板岩	BJJ-89	255.6	15.13	26.01	70.0	31.5	67.9	453.9	0.052	2.6	3.58	91.27	68.11	1.02	-20 中段
Ptbnm²⁻³	破碎蚀变岩	4203-9	360.1	6.39	23.93	42.9	33.7	31.7	647.9	0.062	2.9	5.00	36.89	137.23	0.20	42 剖面
Ptbnm²⁻³	破碎蚀变岩	4203-10	1638.7	21.45	30.53	28.3	53.0	82.9	1135.0	0.064	3.4	1.23	508.10	58.90	0.70	42 剖面
Ptbnm²⁻³	石英脉	4203-3	2.3	14.44	11.72	164.3	30.4	86.8	489.0	0.091	13.3	4.05	17.04	36.64	0.96	42 剖面
Ptbnm²⁻³	石英脉	4203-8	263.3	5.14	21.31	168.9	35.7	62.6	815.3	0.075	3.5	0.62	49.55	86.77	0.87	42 剖面
Ptbnm²⁻³	石英脉	4204-2	35.4	13.05	16.59	215.1	32.0	76.3	911.9	0.055	3.6	1.06	68.06	57.38	0.55	42 剖面
Ptbnm²⁻³	石英脉	4204-5	2.9	1.20	25.50	78.5	61.6	108.5	650.0	0.047	3.0	1.01	11.50	62.61	0.42	42 剖面
Ptbnm²⁻³	石英脉	4204-6	2.4	1.24	19.51	55.9	142.1	92.9	1327.8	0.082	2.0	0.29	10.54	21.81	0.43	42 剖面
Ptbnm²⁻³	石英脉	BJJ-39	148.7	1.27	10.74	9.8	50.5	57.9	3066.3	0.067	2.7	2.86	44.52	43.17	0.03	-20CM50S

续表6-9

层位及采样点	岩性	原编号	Au	Sb	W	Cu	Pb	Zn	Mn	Ag	Sn	Mo	As	Hg	Tl	所在位置
			ng/g	µg/g	µg/g	µg/g	µg/g	µg/g	µg/g	µg/g	µg/g	µg/g	µg/g	ng/g	µg/g	
Ptbnm$^{2-3}$	石英脉	BJJ-43	3.9	1.56	24.56	21.2	44.4	83.8	888.1	0.051	4.8	1.32	21.61	46.27	0.48	-20CM50S
Ptbnm$^{2-3}$	石英脉	BJJ-47	721.5	4.29	12.67	10.6	38.1	36.9	1035.1	0.078	2.9	2.92	51.84	53.81	0.03	-20CM50S
Ptbnm$^{2-3}$	石英脉	BJJ-72	17.2	1.04	9.89	16.1	22.7	31.0	346.6	0.044	2.0	1.70	18.31	46.48	0.02	-20CM52S
Ptbnm$^{2-3}$	石英脉	BJJ-73	8.9	4.75	14.47	43.5	19.9	42.6	476.1	0.047	1.7	2.15	14.24	57.99	0.05	-20CM52S
Ptbnm$^{2-3}$	石英脉	BJJ-75	13.1	0.53	16.10	16.2	14.8	27.0	226.8	0.626	1.5	2.28	5.84	48.53	0.03	-20CM52S
Ptbnm$^{2-3}$	石英脉	BJJ-77	45.4	0.61	16.41	14.3	17.9	19.1	235.3	0.041	1.9	0.82	148.32	45.81	0.01	-20CM52S
Ptbnm$^{2-3}$	石英脉	BJJ-84	21.7	1.71	70.04	8.5	25.2	33.8	386.6	0.041	1.9	0.62	1795.0	61.19	0.17	-20CM52S
Ptbnm$^{2-3}$	石英脉	BJJ-87	20.6	0.66	16.20	11.0	23.1	24.9	604.8	0.042	1.8	1.46	71.13	39.39	0.01	-20 中段
Ptbnm$^{2-6}$	石英脉	BJJ-92	37.8	2.89	33.11	25.1	28.1	32.3	631.7	0.044	1.8	2.65	77.66	36.50	0.09	-20 中段
Ptbnm$^{2-6}$	石英脉	BJJ-95	567.8	9.28	23.46	32.7	37.3	31.7	516.0	0.051	2.3	5.35	868.10	43.56	0.01	-20 中段
Ptbnm$^{2-6}$	石英脉	BJJ-308	19.9	11.56	17.16	12.3	92.0	26.9	308.1	0.055	2.9	1.00	3.35	62.08	0.02	-50CM42
Ptbnm$^{2-6}$	石英脉	BJJ-319	3983.1	0.98	13.19	8.8	35.4	34.8	524.0	0.119	2.6	4.82	6.43	42.55	0.12	-50CM42
γδ$_π$	花岗闪长斑岩	4203-11	35.5	6.93	32.70	50.7	28.2	69.0	1015.9	0.055	4.1	1.32	146.40	119.63	0.75	42 剖面
γδ$_π$	花岗闪长斑岩	4203-12	10.9	1.68	32.70	43.0	48.3	70.2	667.6	0.054	6.8	3.82	68.93	21.59	0.66	42 剖面
γδ$_π$	花岗闪长斑岩	BJJ-40	17.6	1.11	16.22	11.4	55.3	74.7	739.8	0.069	4.9	0.69	23.08	43.38	0.55	-20CM50S

续表6-9

层位及采样点	岩性	原编号	Au	Sb	W	Cu	Pb	Zn	Mn	Ag	Sn	Mo	As	Hg	Tl	所在位置
			ng/g	μg/g	μg/g	μg/g	μg/g	μg/g	μg/g	μg/g	μg/g	μg/g	μg/g	ng/g	μg/g	
$\gamma\delta_\pi$	花岗闪长斑岩	BJJ-300	37.4	8.51	27.91	15.9	61.1	80.5	616.2	0.049	9.3	0.58	1694.0	73.51	0.67	-50CM42
$\gamma\delta_\pi$	蚀变花岗闪长斑岩	4204-9	12.2	1.82	30.06	23.5	71.3	84.7	669.1	0.100	5.5	1.07	49.71	79.39	0.84	42剖面
$\gamma\delta_\pi$	蚀变花岗闪长斑岩	4204-10	4.2	1.13	34.20	15.9	27.3	33.1	569.4	0.038	1.4	1.26	23.11	26.75	0.14	42剖面
$\gamma\delta_\pi$	蚀变花岗闪长斑岩	BJJ-88	18.7	1.78	27.34	1.9	51.4	62.7	1834.3	0.056	2.3	0.81	16.68	37.38	0.40	-20中段
$\gamma\delta_\pi$	蚀变花岗闪长斑岩	BJJ-94	49.0	1.89	36.67	21.2	78.2	73.9	860.9	0.063	3.8	1.36	42.26	56.98	0.88	-20中段
$Ptbnm^{2-3}$	断层岩	BJJ-35	3.3	5.62	10.20	80.7	23.7	106.8	498.1	0.041	4.4	0.66	9.54	49.75	1.20	-20CM50S
$Ptbnm^{2-3}$	断层岩	BJJ-45	4.4	1.94	13.39	3.8	21.6	51.7	3376.9	0.098	3.1	1.17	32.17	37.30	0.20	-20CM50S
$Ptbnm^{2-3}$	断层岩	BJJ-46	18.5	7.96	15.38	112.9	544.8	92.5	1053.8	0.248	2.5	4.90	57.63	55.75	0.37	-20CM50S
$Ptbnm^{2-3}$	断层岩	BJJ-86	8.4	2.58	16.13	8.5	32.3	91.7	905.6	0.046	4.4	2.47	55.94	71.16	0.55	-20CM52S
$Ptbnm^{2-3}$	方解石脉	BJJ-42	3.5	3.10	34.58	25.5	54.5	92.9	748.6	0.071	7.1	1.79	22.59	48.74	0.64	-20CM50S
大洋壳克拉克值			4	1.0	1.0	100	8.9	130	2000	0.100	1.5	1.7	2.1	90	0.2	
大陆壳克拉克值			3.4	0.5	1.1	54	13	85	1100	0.070	1.7	1.2	2.2	90	0.6	
中国陆壳克拉克值			4.1	0.15	2.4	38	15	86		0.050	4.1	2.0	1.9			

注：测试单位为湖南省有色地质测试中心，样品数117。

6.2.2 元素的分形特征

　　矿区地层中 86 件岩石样品的成矿元素含量值制作了分形图(图 6-2)。从图上可见,Zn、Mn、Hg、Tl 等元素基本上是两段线,即不显示明显的异常特征。Au 和 As 在 lgN 约为 1.8 处出现异常转折,大约 63% 的样品,即 50 余件样品出现异常,即样品主要采集在异常区内。Au 的背景下限为 6.2 ng/g。W、Sb、Pb、Ag、Sn 的异常拐点统一在 lgN=1.2 处,大约 16% 的样品出现异常,样品数约为 14 件,明显低于 Au 和 As。可见,上述两组元素的异常具有不同的地质机制,可能代表不同的地质过程。从元素组合结合成矿期划分结果可见,Au 和 As 的异常主要形成于前期的变质和构造热液成矿作用,而 W、Sb、Pb、Ag、Sn 等元素主要与后期的岩浆期后热液成矿作用有关。Cu、Zn、Mo 等元素的异常反映不明显,矿化偏弱,没有实际意义。Au、W、Sb 的异常下限分别为 6.2 ng/g、27 μg/g 和 6.6 μg/g,均分别低于区域剖面岩石中的 3 ng/g、18 μg/g 和 1.95 μg/g。

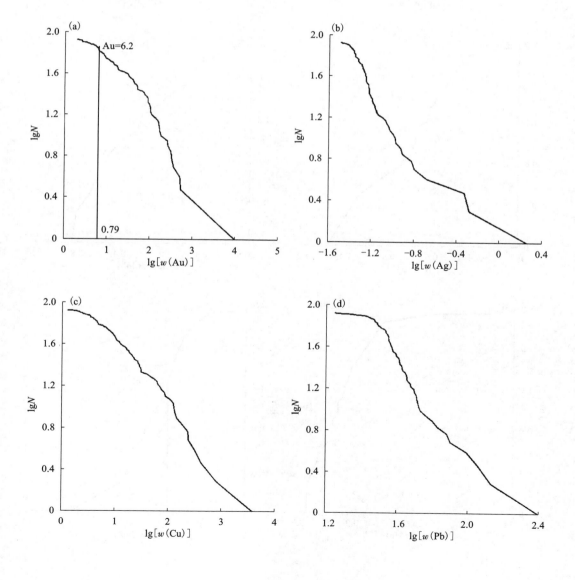

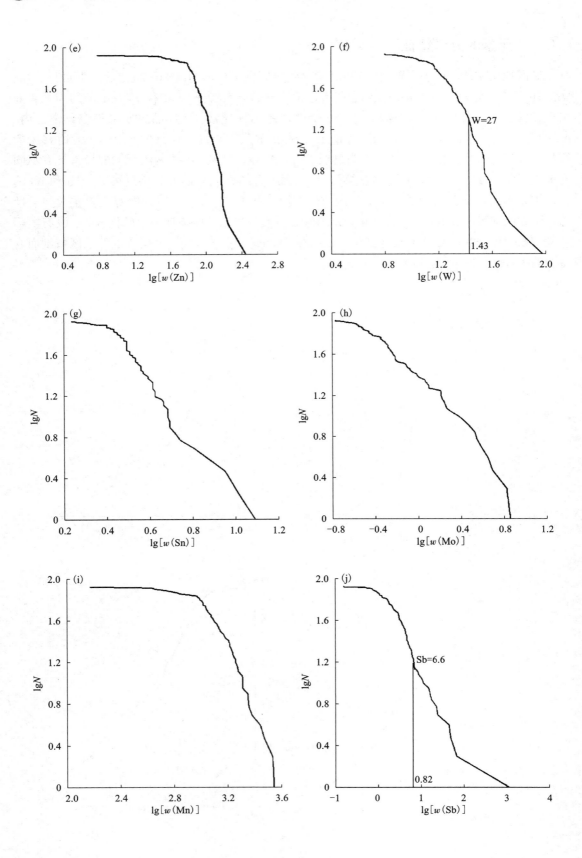

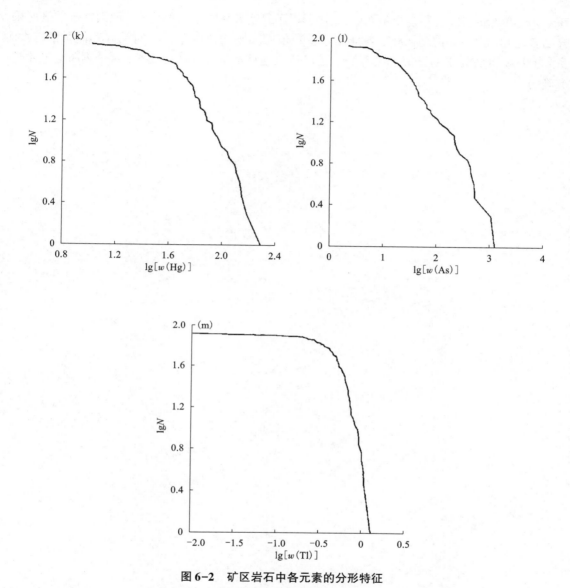

图 6-2　矿区岩石中各元素的分形特征

(a) Au；(b) Ag；(c) Cu；(d) Pb；(e) Zn；(f) W；(g) Sn；(h) Mo；(i) Mn；(j) Sb；(k) Hg；(l) As；(m) Tl

6.2.3　不同地质体的地球化学特征

对钻孔、坑道113件样品按岩性分类分别统计平均值、最大值、最小值、标准差、变异系数，除了3件钙质粉砂质板岩样品的 Au 平均值略高于克拉克值以外，其他各种岩性的样品平均值均明显高于克拉克值，这应该是样品普遍取自矿化蚀变带旁所致。通过对全部113件样品总统计表明，各元素变异系数从大到小依次为：2.51(As)、2.04(Cu)、1.85(Au)、1.68(Sb)、1.16(Pb)、1.13(Ag)、1.09(Mo)、0.58(Tl)、0.57(Hg)、0.56(Mn)、0.55(W)、0.52(Sn)、0.47(Zn)。由此表明，从变异系数的角度看，相比较而言，非金属元素 As 是迁移富集最活跃的元素，Cu、Au、Sb 是三种迁移富集最活跃的金属元素，Pb、Ag、Mo 中等，Tl、

Hg、Mn、W、Sn、Zn 迁移富集最弱。Au 之所以不是变异系数最大的元素，原因在于矿区所采样品普遍出现了 Au 蚀变矿化，各样品原生晕值距离平均值的差异反而没有其他元素的大。实际上从矿区各元素的异常特征看，Au 才是矿区迁移富集最强烈的元素，这个判断应该才是准确的。

第 7 章
土壤次生晕地球化学特征

7.1　数值特征及分布

　　土壤次生晕地球化学资料由湖南省有色地质勘查局二总队提供，在包金山矿区，共采集样品 827 件，测试了 As、Au、Cu、Hg、Pb、Sb、Sn、W、Zn 等 9 元素，样品分布见图 7-1。

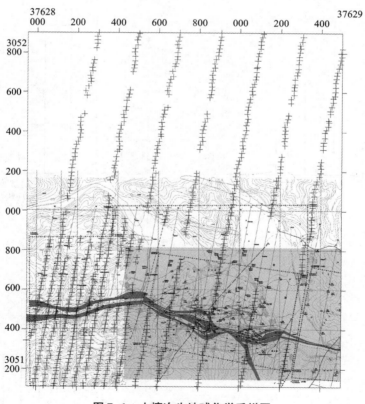

图 7-1　土壤次生地球化学采样图

测试结果的最小值、最大值、平均值、中值、方差及标准差统计见表7-1。通过数据的统计直方图(图7-2)发现,各元素的含量均符合对数正态分布。

表7-1 土壤各元素特征值

元素	As μg/g	Au ng/g	Cu μg/g	Hg μg/g	Pb μg/g	Sb μg/g	Sn μg/g	W μg/g	Zn μg/g
最小值	3.11	0.4	4.1	6.15	11.9	0.15	0.9	3	34.2
最大值	523.72	1291	242.6	90.6	110.2	146.8	29.5	999	522.6
平均值	63.61	12.11	34.65	16.85	35.24	3.11	4.23	7.77	86.90
中值	48.64	2.4	29.1	15.8	31.5	2.42	3.9	3.8	85.7
方差	3455.99	5326	536.16	47.26	205.22	31.75	4.95	2541	692.44
标准差	58.79	72.98	23.16	6.87	14.33	5.63	2.23	50.40	26.31

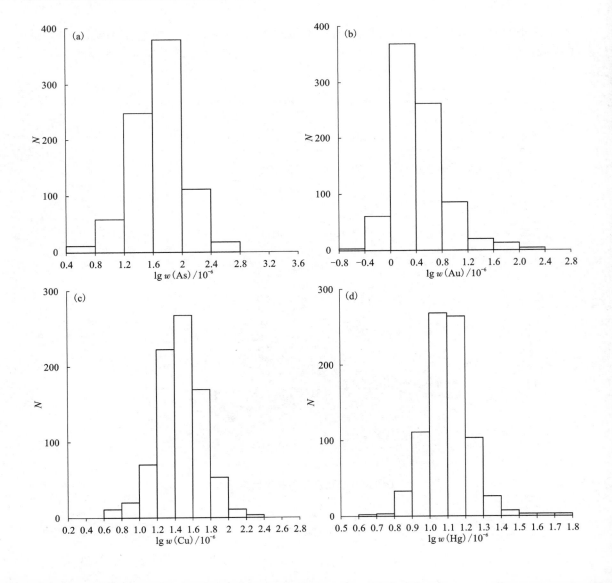

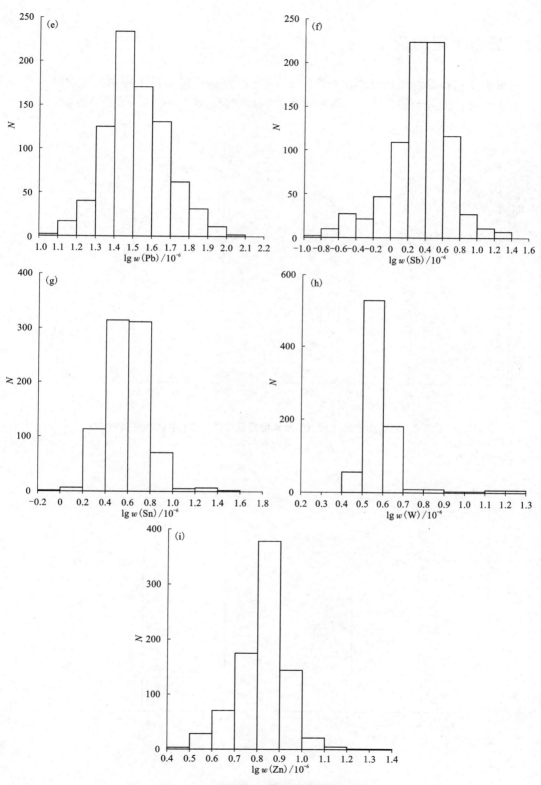

图 7-2 土壤元素含量对数值统计直方图

（a）As；（b）Au；（c）Cu；（d）Hg；（e）Pb；（f）Sb；（g）Sn；（h）W；（i）Zn

7.2　异常下限的确定

通过概率累积曲线图和分形图(图7-3)的方法分别获得异常下限值,发现两者非常接近。本次研究采用分形的方法,获得9个元素的异常值(图7-4),实际采用值就近取整,见表7-2。

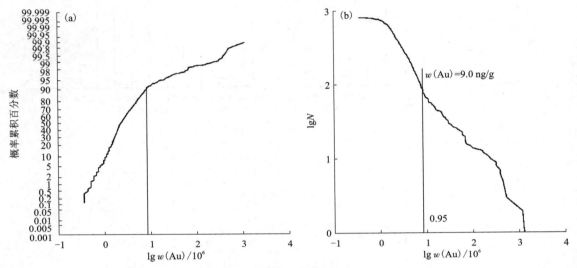

图7-3　包金山矿区土壤 Au 元素含量概率累积图(左)和分形图(右)

(a)概率累积图;(b)分形图

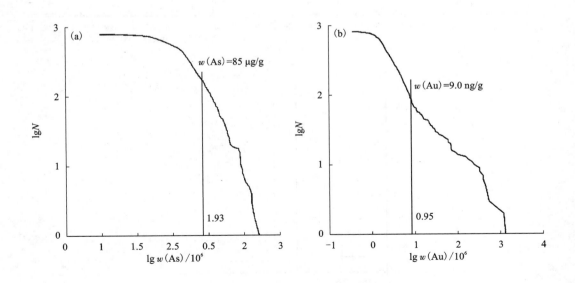

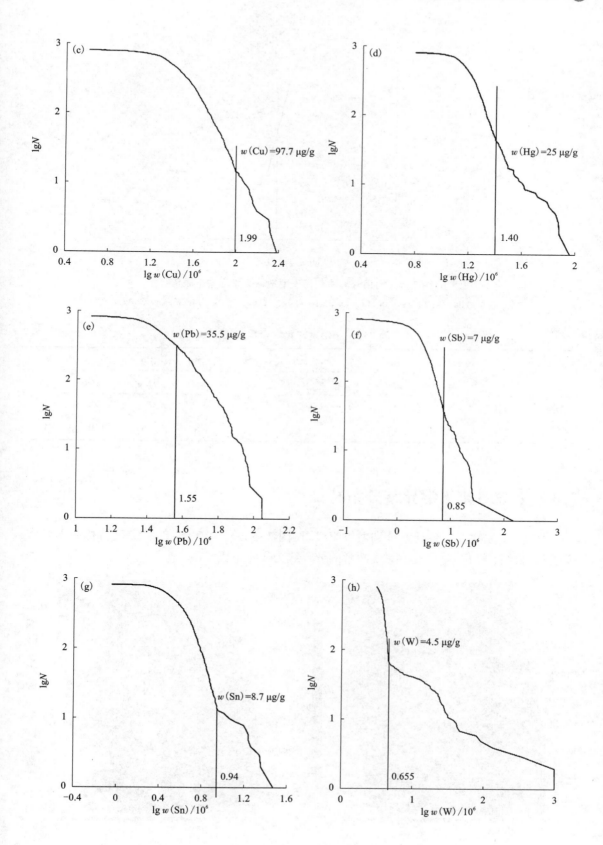

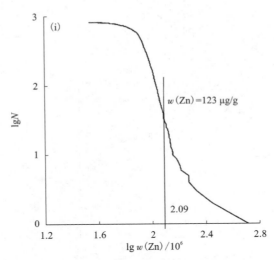

图 7-4　利用分形法获得土壤地球化学异常下限值

(a)As;(b)Au;(c)Cu;(d)Hg;(e)Pb;(f)Sb;(g)Sn;(h)W;(i)Zn

表 7-2　土壤地球化学异常下限值

元素	As	Au	Cu	Hg	Sb	Sn	Pb	Zn	W
	μg/g	ng/g	μg/g	μg/g	μg/g	μg/g	μg/g	μg/g	μg/g
分形异常下限	85	9	97.7	25	7	8.7	35.5	123	4.5
采用异常下限	85	9	100	25	7	8	35	120	4

7.3　土壤地球化学异常分布特征

　　根据上述异常值,各元素分别做等值线图(图 7-5)。图中以冷色调(蓝色)标明副异常,暖色调(粉红、红色)标明正异常,两者的分界线为异常下限。

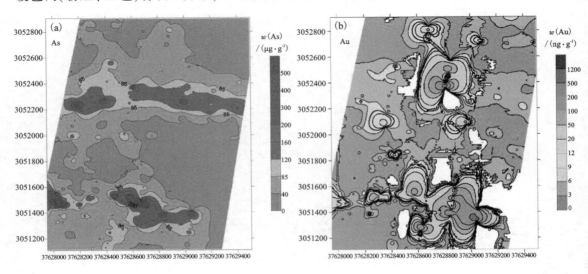

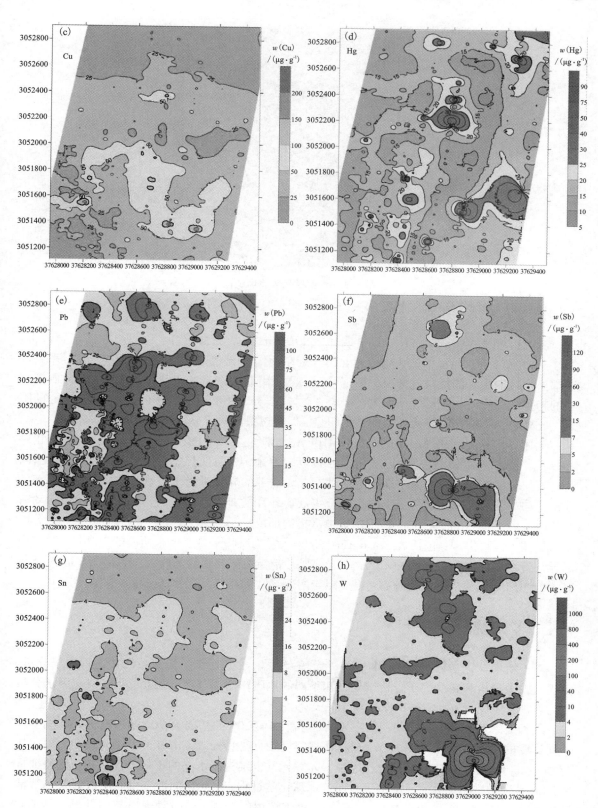

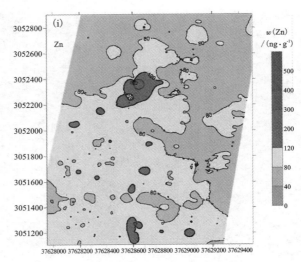

图 7-5　土壤各元素等值线图

(a) As；(b) Au；(c) Cu；(d) Hg；(e) Pb；(f) Sb；(g) Sn；(h) W；(i) Zn

　　从图上可见，Au、W、Pb 的异常明显，其中 Au 和 W 异常重叠，构成南北两个异常带。As 异常幅值不高，但呈串珠状构成南北两个近东西向的异常带，与 Au 和 W 的异常带吻合。南部异常带的中心部位与包金山矿区现采区一致，南北两个带的中心呈现北西-北北西向相连的趋势。Sb 和 Hg 异常范围不大，异常中心与 Au 异常不吻合，但分布于 Au 异常中心的附近。此外，Cu、Sn、Zn 等元素的异常不明显，仅在现采区附近显示较弱的 Cu 异常。

　　上述异常特征可能说明本区成矿作用以 Au、W 为主，Sb 的矿化较弱。Au 和 W 矿化中心一致，成矿作用关联性较大。从异常分布范围看来，东西向异常带可能反映蚀变矿化体，受地层层位的控制，与加里东期构造活动有关。北部的异常带尚未发现矿体，可能是潜在的找矿方向。北北西向构造可能反映后期金钨成矿作用叠加，与印支-燕山期构造岩浆活动有关。以上两组构造的交汇部位是矿化集中富集的部位。

　　从图上还可发现，包括 As、Au、Cu、Sb 等元素均反映了多个近东西向的异常带，其中南部异常带对应包金山—金坑冲矿区，而北部异常带与南部相距约 800 m，异常颇为完整，Sn、W、Pb、Hg 等元素也有高值分布，很可能与南部异常带相似，应予以关注。

7.4　多元统计分析

　　对土壤地球化学分析 827 个样品 9 个元素的原始数据计算了相关系数并进行因子分析，由正交因子分析和斜交因子分析结果可知不同的地质作用并非完全独立，所以斜交因子分析更为客观，反映较为真实的地质过程。

　　从相关系数表(表 7-3)可见，在显著性水平 $\alpha=0.05$ 的基础上，Cu 与所有的元素均呈现不同程度的正相关；Au 与 Cu、W、Sb、Hg 有明显的正相关，与 Zn 和 As 为低水平正相关；W 与 Cu、Au 明显正相关；Cu、Pb、Zn、As、Sn 等元素也维持低水平的正相关性。从这些特征推断，Cu 是个最敏感的元素，产生于不同的地球化学过程；多元素的组合可能反映岩浆热液活动的影响；W、Au 明显的正相关是 W、Au 成矿作用的体现，同时表现出与中低温元素 Cu、

Zn、Sb、Hg、As 的关联性，说明本区的金钨成矿作用反映了该区主要的热液活动。

斜交因子结构矩阵如表 7-4 所示。

表 7-3 土壤地球化学元素相关系数表

元素	Cu	Pb	Zn	As	Sb	Hg	W	Sn	Au
Cu	1.000								
Pb	0.102	1.000							
Zn	0.285	0.299	1.000						
As	0.237	0.117	0.108	1.000					
Sb	0.401	0.036	0.058	0.320	1.000				
Hg	0.064	0.126	0.116	−0.059	0.045	1.000			
W	0.274	0.001	0.014	0.094	0.160	0.041	1.000		
Sn	0.198	0.234	0.143	0.199	0.063	0.162	0.030	1.000	
Au	0.391	−0.021	0.140	0.175	0.348	0.353	0.511	0.014	1.000

样品数 827，显著性水平 α=0.05 时，相关性临界值约为 0.06。

表 7-4 土壤地球化学数据斜交因子结构矩阵

元素	因子 1	因子 2	因子 3	因子 4	因子 5	因子 6	因子 7	因子 8
Cu	0.363	0.322	−0.439	0.118	−0.207	0.037	0.283	−0.992
Pb	−0.009	0.290	−0.030	0.234	−0.090	0.987	0.110	−0.093
Zn	0.070	0.994	−0.079	0.113	−0.148	0.271	0.124	−0.287
As	0.142	0.125	−0.327	0.161	−0.025	0.087	0.990	−0.246
Sb	0.263	0.096	−0.987	−0.007	−0.176	−0.021	0.358	−0.424
Hg	0.180	0.153	−0.103	0.089	−0.926	0.066	−0.007	−0.109
W	0.929	0.068	−0.232	−0.067	−0.229	−0.078	0.159	−0.325
Sn	0.027	0.142	−0.061	0.980	−0.132	0.227	0.194	−0.188
Au	0.793	0.248	−0.495	−0.183	−0.680	−0.183	0.309	−0.505

由表 7-4 可见，因子 1 主要由 W、Au、Cu 组成，有 Sb、Hg、As 的低荷载，代表矿区的主要成矿类型和矿化异常。根据因子得分所做的矿区等值线平面图如图 7-6（a）所示。集中高值区位于现采区，地表有金钨矿体出露，因子得分最高值达到 23.31。正值区域被大范围的负值区包围，反映成矿中心外围的负异常。值得注意的是从南到北存在 3 个正值带，南部从矿区向西，中部有个错位，除了矿区的高值中心外，西部是正低值成带。中部正值带也是近东西向延伸，但与 Au 异常中心对比，略向南移。北部正值带在 Au 异常图上有微弱的显示，也值得关注。三个带从东到西，在中部不连续，可能存在北北西向的断层错动。

因子 2 以 Cu、Pb、Zn、Au 的高值为特征，尤其是 Zn 特高，可能反映中温热液改造作用。

由于 Pb、Zn 异常在本区并不突出，所以本因子的地质意义可能不大。

　　因子 3 以 Sb、Au、Cu、As、W 的负高值为特征，与因子 1 近乎相反。因子得分负值也表现出 3 个近东西向的带，与因子 1 基本吻合 [图 7-6(b)]。

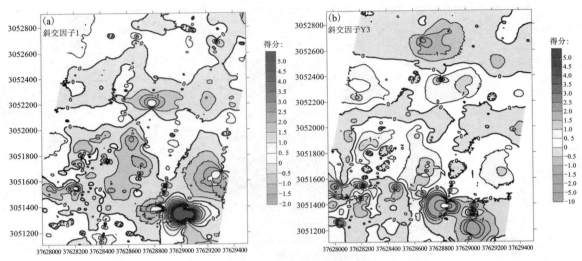

图7-6　斜交因子1和3得分等值线图

(a)因子1；(b)因子3

　　因子 4 以 Sn 高值为特征，因子 6 以高 Pb、Sn 值为特征，都可能没有明确的地质意义。

　　因子 5 以高负值的 Hg、Au 为特征，低负 Cu、W。因子得分图（图 7-7）上隐约可见近东西向串珠状分布的副高值点，但清晰可见 2 条沿北北东向展布的高值带，位置与后期断裂（如 F13）较吻合，可能代表成矿后断裂带的表生贫化特征。

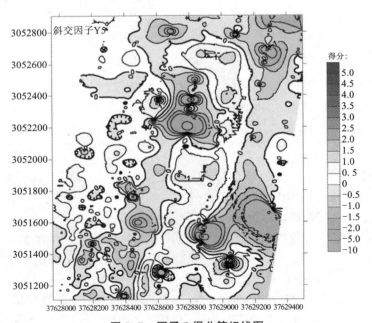

图7-7　因子5得分等组线图

　　因子 7 以极高 As，高 Au、Sb、Cu，低 Pb、Zn、W、Sn 为特征；因子 8 以负极高 Cu、负高 Au、Sb、W 及负低 Zn、As 等为特征，因子得分图分别见图 7-8 上、下。两个因子的得分图均表现出近东西向展布的异常特征，明显受加里东期构造的控制，前者有两个正值带被三个负值带包围，后者两个负值带被正值区环绕。两个因子的基本元素组合式一致的，基本上反映高中低温的热液活动。研究区北段元素的升高和降低位置基本一致，但南段正好相反。因子 7 中 As 的极高可能反映沿层出现的金的矿化富集；因子 8 这可能反映金的活化转移贫化。

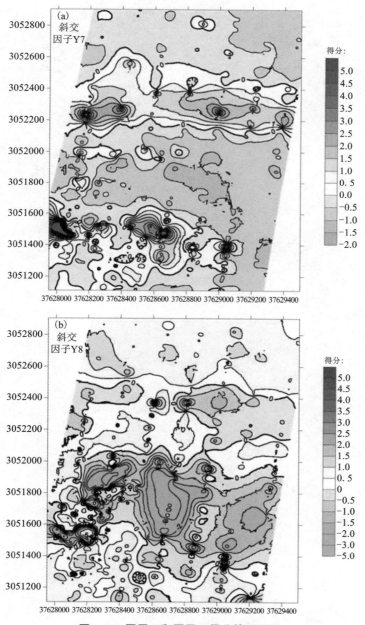

图 7-8　因子 7 和因子 8 得分等组线图

(a) 因子 7；(b) 因子 8

上述因子 1、3、7、8 均反映出近东西向分布的特征，并且出现至少两个异常带，说明加里东构造对本区的金元素富集起到很重要的作用，留下了多个富集层位。包金山矿区位于其中的南部富集带，而北部富集带这有待于进一步开展工作。

第 8 章

成矿流体研究与矿床成因分析

8.1　成矿流体研究

8.1.1　研究方法

（1）包裹体显微测温研究

研究样品采自包金山金矿床的矿化石英脉，包括乳白色石英脉和烟灰色石英脉，挑选不同成矿阶段、不同标高、透明矿物相对发育且具代表性的样品制成包裹体光薄片。对各阶段石英中的流体包裹体进行了镜下岩相学研究，最终挑选出 11 件样品进行显微测温，涵盖了岩浆热液期的 2 个主成矿阶段（A 阶段和 B 阶段）。

显微测温工作在中南大学地球科学与信息物理学院流体包裹体实验室完成，仪器为 Linkam THMS-600 型地质用冷热台，可操作温度范围为 $-196 \sim 600℃$，经校准，当温度为 $-196 \sim 30℃$ 时，设备精度为 $0.1℃$；当温度为 $30 \sim 600℃$ 时，精度为 $1℃$。测定包裹体的完全冷冻温度 t_f，完全均一温度 t_h，固态 CO_2 的熔化温度 $t_{m(CO_2)}$，CO_2 相部分均一温度 $t_{h(CO_2)}$，笼合物的最终熔化温度 $t_{m(cla)}$，以及冰的最终熔化温度 $t_{m(ice)}$。利用冰的最终熔化温度 $t_{m(ice)}$（水溶液包裹体）或笼合物的最终熔化温度 $t_{m(cla)}$（水溶液-CO_2 包裹体），通过 Brown（1989）的 FLINCOR 程序，采用 Brown 和 Lamb（1989）的等式计算了流体包裹体的盐度。

（2）群体包裹体成分分析

本次研究选用 5 件样品（BJJ-346-2、BJJ-346-3、BJJ-346-4、BJJ-346-5 和 BJJ-346-6）进行测试。先将样品粉碎，经筛分、清洗晾干、磁选后，在双目镜下挑选，得到纯度大于 99% 的石英单矿物样品，用于气、液相成分分析（钟世华 等，2015）。流体包裹体的无机气相及离子色谱分析是在核工业北京地质研究院分析测试研究中心完成的，测试仪器为 PE. Clarus600 型气相色谱仪和 DIONEX-500 型离子色谱仪。

（3）氢氧同位素分析

用于氢氧同位素测试的样品为采自包金山矿区 B 阶段的 5 件含金黄铁矿石英脉（BJJ346-2、BJJ346-3、BJJ346-4、BJJ346-5、BJJ346-6），将样品粉碎，选出纯度达99%的石英单矿物，送至核工业北京地质研究院分析测试研究中心进行测试。所用仪器为 MAT-253 稳定同位素质谱仪，氢同位素分析精度为 $±0.2‰$，氧同位素分析精度为 $±0.02‰$。氧同位素

的测试采用 BrF_5 法（Clayton et al，1963）：在真空、550～700℃条件下，石英样品与纯 BrF_5 反应得到 O_2，经纯化后的 O_2 在 700℃条件下，经由铂的催化作用与碳棒反应，生成 CO_2 气体，再送质谱测试，获得氧同位素组成；氢同位素的分析采用热爆裂法：在真空条件下采用热爆法打开包裹体，提取其中的 H_2O，获得的 H_2O 与锌反应，获得 H_2，经质谱测试，得到氢同位素组成，以平均海洋水（SMOW）为标准。

8.1.2　测试结果

（1）流体包裹体显微测温
①流体包裹体类型。
包裹体的岩相学研究表明，矿区石英中原生包裹体发育（图 8-1），根据其在室温下（20℃）的相态特征可分为 3 类。

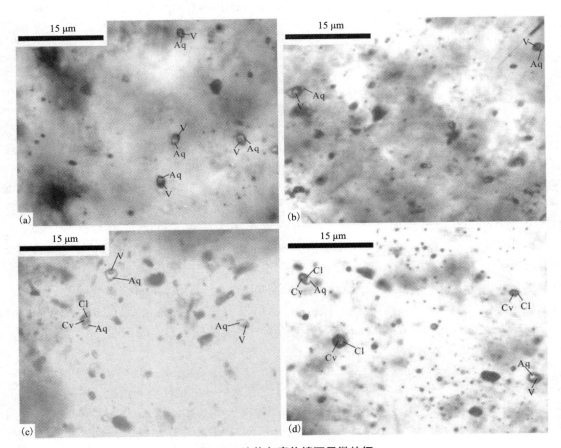

图 8-1　流体包裹体镜下显微特征

（a）Ⅰa 型包裹体群生；（b）Ⅰb 型包裹体；（c）Ⅱa 型包裹体与Ⅰ型包裹体共生；
（d）Ⅱb 型包裹体与Ⅰ型，Ⅲ型包裹体共生。缩写：Aq—水溶液相；V—气相；Cl—CO_2 液相；Cv—CO_2 气相

　　Ⅰ型包裹体：室温下呈气液两相产出，由盐水溶液及气泡组成，气相体积分数为 10%～70%，根据最终均一相态，又划分为Ⅰa 及Ⅰb 两个亚类型，Ⅰa 型包裹体气相体积分数低于

50%，最终均一为水溶液相[图 8-1(a)]；Ⅰb 型包裹体气相体积分数大于 50%，最终均一为气相[图 8-1(b)]。该类包裹体直径为 3~13 mm，多呈椭圆、长条及不规则状分布在石英中。

Ⅱ型包裹体：室温下呈水溶液相、气相 CO_2 及液相 CO_2 三相产出，可见其与Ⅰ型及Ⅲ型包裹体共生。根据 CO_2 相占包裹体总体积的比例，可进一步分为Ⅱa 和Ⅱb 两个亚类型。前者 CO_2 相所占体积分数低于 50%，二氧化碳部分均一为液相，最终完全均一为水溶液相；后者 CO_2 相所占体积分数大于 50%，二氧化碳大多部分均一为液相，最终以碳质相膨胀达到完全均一。该类包裹体的形态以椭圆、长条及不规则状为主，直径为 2~4 mm[图 8-1(c)]。

Ⅲ型包裹体：在室温下呈液相 CO_2、气相 CO_2 两相产出[图 8-1(d)]。包裹体大小为 2~4 mm，气相体积分数为 10%~25%，以椭圆形为主，与Ⅰ型、Ⅱ型包裹体共生。

②显微测温结果。

本次研究共测得 191 个包裹体，测温结果汇总于表 8-1，不同成矿阶段(A、B)的均一温度及盐度统计如图 8-2。

表 8-1　包金山金矿流体包裹体测温结果统计

样号	阶段	类型	数量	直径/mm	V/T(20℃)/%	$t_{m(CO_2)}$/℃	$t_{m(ice)}$/℃	$t_{m(cla)}$/℃	t_{hc}/℃	t_h/℃	盐度/%	密度/(g·cm^{-3})
BJJ-76	A	Ⅰa	20	2~5	15~40		-7.3~-2.4			258~387	3.92~10.86	0.64~0.84
BJJ-84	B	Ⅰa	19	2~7	15~70		-6.7~-1.8			199~387	2.96~10.10	0.69~0.91
BJJ-337	B	Ⅰa	20	2~5	20~60		-6.9~-2.6			256~381	4.23~10.36	0.59~0.86
BJJ-346-2	B	Ⅰa	20	2~6	15~60		-6.6~-1.4			221~391	2.31~9.97	0.59~0.88
		Ⅱa	1	5	50	-59.4		7.6	23.8	391	4.62	0.86
BJJ-346-3	B	Ⅰa	6	2~4	20~40		-8.3~-4.4			218~363	6.96~12.06	0.70~0.84
		Ⅱb	4	2~4	50~80	-61.6~-60.2		5.4~9.3	12.1~18.6	350~389(C)	2.77~8.35	0.59~0.95
		Ⅲ	2	2~4	10~25	-61.7~-58.7			23.6~25.6			0.70~0.73
BJJ-346-4	B	Ⅰa	15	3~7	15~35		-6.8~-1.5			238~375	2.47~10.23	0.63~0.93
BJJ-346-5	B	Ⅰa	12	2~5	15~35		-6.2~-2.1			211~369	3.44~9.45	0.63~0.90
		Ⅱb	3	3~4	50~80	-60.7~-58.2		5.3~8.6	16.5~20.8	357~392(C)	2.77~8.51	0.60~0.90

续表8-1

样号	阶段	类型	数量	直径/mm	V/T (20℃)/%	$t_{m(CO_2)}$/℃	$t_{m(ice)}$/℃	$t_{m(cla)}$/℃	t_{hc}/℃	t_h/℃	盐度/%	密度/(g·cm^{-3})
BJJ-346-6	B	Ⅰa	12	3~5	15~40		-8.4~-2.1			200~391	3.44~12.17	0.52~0.94
		Ⅱa	3	3~4	30~50	-59.7~-58.8		6.8~8.7	12.5~20.3	333~381	2.58~6.03	0.90~0.93
		Ⅱb	6	3~4	50~80	-60.5~-58.6		2.7~8.1	12.1~21.7	320~385(C)	3.71~12.29	0.90~0.97
BKD-06	A	Ⅰa	15	2~6	10~40		-10.7~-2.7			241~338	4.39~14.67	0.70~0.90
BKD-07	A	Ⅰa	13	2~7	10~40		-7.5~-3.6			243~365	5.78~11.1	0.73~0.86
BKD-13	A	Ⅰa	14	3~13	10~35		-8.9~-1.9			218~373	3.12~12.74	0.81~0.89
		Ⅰb	4	2~5	50~70		-6.1~-5.2			320~370(V)	8.10~9.32	0.67~0.78
		Ⅱa	2	5~7	25~30	-59.9~-58.8		0.1~0.7	19.9~21.8	363~379	14.80~15.40	0.93~0.94

注: 主矿物均为石英; V/T-气相占包裹体体积分数, Ⅱ型包裹体为二氧化碳相所占分数; $t_{m(CO_2)}$-二氧化碳熔化温度; $t_{m(ice)}$-冰的最终融化温度; $t_{m(cla)}$-二氧化碳笼合物熔化温度; t_{hc}-二氧化碳部分均一温度, 标明(V)均一为气相, 未标明者均一为液相; t_h-均一温度, 未标明者均一为水溶液相, 标明(C)者均一为碳质相; 盐度以 NaCl 质量分数计算。

A. 阶段包裹体显微测温特征

本阶段包裹体较发育, 共测得 68 个, 以Ⅰ型水溶液包裹体最为发育, 占该阶段包裹体总数的 97%, 其中测得 4 个包裹体最终均一为气相, 为Ⅰb 型包裹体; 其次为Ⅱ型水溶液-CO_2 三相包裹体, 占 3%。

Ⅰ型包裹体: Ⅰa 和Ⅰb 型包裹体共生, 冻结温度为 -65 ~ -35℃, 冰的最终融化温度范围为 -10.7 ~ -1.9℃, 盐度为 3.12% ~ 14.67%(按 NaCl 质量分数计算, 下同, Steele-Macinnis et al., 2011)[图 8-2(b)]。均一温度变化较大, Ⅰa 型包裹体均一温度范围为 218 ~ 387℃, 集中于 260 ~ 380℃[图 8-2(a)], 最终均一为液相; 测得 4 个Ⅰb 型包裹体的最终均一温度在 320 ~ 370℃之间。

Ⅱ型包裹体: 该阶段仅见发育Ⅱa 型包裹体, 碳质相的体积比例变化范围为 10% ~ 25%。包裹体冻结温度为 -97 ~ -108℃, 固态 CO_2 熔化温度为 -58.2 ~ -59.9℃, 笼合物的最终熔化温度为 0.1 ~ 0.7℃, 相应盐度为 14.76% ~ 15.42%[图 8-2(b)], CO_2 相部分均一为液相, 其部分均一温度为 13.7 ~ 20.8℃, 升温过程中最终完全均一为水溶液相, 均一温度范围 363 ~ 379℃[图 8-2(a)]。

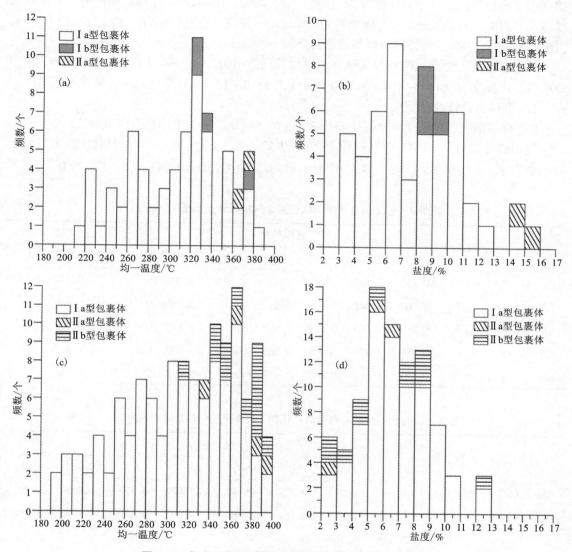

图8-2 包金山金矿流体包裹体均一温度和盐度直方图

(a)乳白色石英脉阶段均一温度直方图；(b)乳白色石英脉阶段盐度直方图；
(c)烟灰色石英脉阶段均一温度直方图；(d)烟灰色石英脉阶段盐度直方图

B.阶段包裹体显微测温特征

本阶段包裹体很发育，共测得123个包裹体，三种包裹体均可见，直径较大，且Ⅱ型包裹体、Ⅲ型包裹体明显增多。

Ⅰ型包裹体：该阶段大量发育Ⅰa型包裹体，冻结温度为$-68 \sim -32$℃，冰的最终熔化温度为$-8.4 \sim -1.4$℃，盐度为$2.31\% \sim 12.17\%$[图8-2(d)]。均一温度变化较大，范围为$199 \sim 391$℃，集中于$250 \sim 370$℃[图8-2(c)]，最终均一为液相。

Ⅱ型包裹体：发育Ⅱa型和Ⅱb型包裹体，碳质相的体积比例变化范围较大，为$30\% \sim 80\%$。冻结温度范围$-108 \sim -95$℃，固态CO_2的熔化温度为$-61.6 \sim -58.6$℃，CO_2笼合物的

熔化温度为 $2.7 \sim 8.7℃$，对应盐度为 $2.58\% \sim 12.29\%$ [图 8-2(d)]，CO_2 相部分均一温度为 $12.1 \sim 21.7℃$，大多部分均一为碳质液相，最终均一温度为 $320 \sim 392℃$，集中于 $340 \sim 390℃$ [图 8-2(c)]，大部分最终以碳质相膨胀达到均一。

Ⅲ型包裹体：纯 CO_2 两相包裹体冻结温度范围为 $-101.2 \sim -100.1℃$，升温过程中，固态 CO_2 的熔化温度为 $-61.7 \sim -58.7℃$，均一温度为 $11.8 \sim 13.1℃$，最终均一为碳质液相。

（2）群体包裹体成分特征

5 个样品的气、液相成分分析如表 8-2、表 8-3 所示，成矿流体具有以下特征：

气相成分以 H_2O 为主，次为 CO_2，可含有少量的 N_2、CH_4、H_2、CO 等气体，液相阳离子以 Ca^{2+} 为主，并含有 Na^+，Mg^{2+}，K^+，阴离子以 SO_4^{2-} 为主，另含有部分 Cl^-，F^-，NO_3^-。

表 8-2　包金山金矿床流体包裹体气相成分分析结果（μg/g）

样号	矿物名称	气相成分						还原参数 R
		H_2	N_2	CO	CH_4	CO_2	H_2O（气相）	CH_4+CO+H_2/CO_2
BJJ-346-2	石英	0.155	0.848	0.048	0.177	2.830	$8.309×10^3$	0.134
BJJ-346-3	石英	0.264	0.421	0.040	0.317	1.269	$9.236×10^3$	0.489
BJJ-346-4	石英	0.163	2.156	0.076	0.168	3.770	$1.553×10^4$	0.108
BJJ-346-5	石英	0.088	1.039	0.046	0.266	3.837	$3.062×10^4$	0.104
BJJ-346-6	石英	0.157	1.526	0.047	0.353	2.997	$1.062×10^4$	0.186

表 8-3　包金山金矿床包裹体液相阴、阳离子成分分析结果（μg/g）

样号	矿物名称	液相成分							
		F^-	Cl^-	NO_3^-	SO_4^{2-}	Na^+	K^+	Mg^{2+}	Ca^{2+}
BJJ-346-2	石英	0.299	2.397	0.229	98.72	6.262	0.519	1.855	35.25
BJJ-346-3	石英	0.270	2.646	0.152	67.65	7.798	0.546	1.529	20.40
BJJ-346-4	石英	0.088	3.109	0.146	13.98	5.729	0.367	/	11.15
BJJ-346-5	石英	0.261	2.990	0.190	42.92	5.241	0.482	1.211	20.19
BJJ-346-6	石英	0.092	2.867	0.176	6.94	4.208	0.291	0.204	7.77

说明：表中"/"表示达不到检测限或未检出。

（3）氢氧同位素特征

5 件样品的氢氧同位素分析结果见表 8-4。石英的 $\delta^{18}O_{V-SMOW}$ 值为 $1.76\% \sim 1.98\%$，流体的 $\delta^{18}D_{V-SMOW}$ 值为 $-7.93\% \sim -6.95\%$。石英和流体的氧同位素分馏计算公式采用 $1000\ln\alpha = 3.38×10^6/T^2 - 2.9$（郑永飞 等，2000），其中：$\alpha$ 为石英和水之间的氧同位素分馏系数，由于所测包裹体具有不均一捕获特征，温度 T（绝对温度）采用各样品显微测温获得的Ⅰ型包裹体的最低温度作为估算的成矿温度，单位为 K。计算得到流体的 $\delta^{18}O_{H_2O}$ 值为 $0.64\% \sim 0.88\%$。

表 8-4 包金山金矿床氢氧同位素组成

样品号	矿物	$\delta^{18}D_{V-SMOW}\%$	$\delta^{18}O_{V-SMOW}$	$\delta^{18}O_{H_2O}$	均一温度/℃
BJJ-346-2	石英	-7.93	1.97	0.88	221
BJJ-346-3	石英	-7.38	1.98	0.87	218
BJJ-346-4	石英	-6.95	1.76	0.76	238
BJJ-346-5	石英	-7.10	1.88	0.73	211
BJJ-346-6	石英	-7.33	1.86	0.64	200

　　将石英包裹体中流体的 $\delta^{18}D$ 和计算获得的 $\delta^{18}O_{H_2O}$ 投到氢氧同位素组成图解(图 8-3)。由图可见,投影点落入原生岩浆水区域内,说明主成矿阶段的流体来源于原生岩浆水。

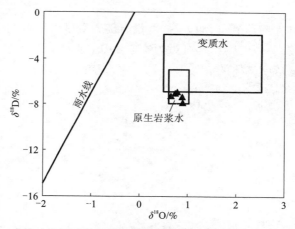

图 8-3 包金山金矿床氢氧同位素组成图解(底图据 Sheppard,1986)

8.1.3 讨论

（1）成矿流体特征

　　包裹体岩相学研究表明,矿床主成矿期矿化石英脉中发育 3 种类型的原生包裹体:水溶液包裹体、含 CO_2 水溶液包裹体和纯 CO_2 包裹体。金矿的成矿流体应为富 CO_2 的流体(朱江 等,2013;王力 等,2014;邓碧平 等,2014),且金的成矿作用与 $NaCl-H_2O-CO_2$ 流体的不混溶有重大的关系(李葆华 等,2010;卢焕章,2011;Craw,1992;Guha et al,1991)。包金山金矿矿石中同时存在 I 型、II 型和 III 型原生流体包裹体,其气液比变化较大,可见出现于同一个石英颗粒中,表明捕获时成矿流体处于一种不均匀的热液体系状态(Xu et al,1999;Wilkinson,2011)。

　　固相 CO_2 熔化温度为 $-61.7 \sim -58.2℃$,略低于 CO_2 的三相点温度,表明 II 型、III 型包裹体的气相成分除 CO_2 外,还含有少量杂质,群体包裹体成分分析证实这些组分为 N_2、CH_4、H_2、CO。丰富 CO_2 的出现可能与深部地壳甚至地幔流体的参与有关(李永胜 等,2011;孙晓

明 等, 2010)。在流体的搬运过程中, CO_2 起缓冲剂的作用, 使流体的 pH 保持在金硫络合物可稳定存在的范围。而 CH_4 的出现则表明流体为还原条件, 有利于金的溶解。根据包裹体的气相成分计算流体的还原参数(李秉伦 等, 1986)R=(H_2+CO+CH_4)/CO_2(表 8-3)可知, 在整个成矿作用过程中, 流体的还原参数为 0.104~0.489, 表明该区成矿流体具有较强的还原性, 有利于金矿质在主成矿阶段由 Au^+ 还原为 Au^0, 也有利于大量的硫化物以低价态矿物的形式沉淀(李晶 等, 2007), 这与主成矿阶段出现多金属硫化物的地质事实相印证。在包裹体中还发现了 N_2, 可能预示着流体并非单源, 有其他来源流体的混入(罗小平 等, 2011)。群体包裹体液相成分分析表明, 包金山成矿流体属于偏碱性的富硫流体, Na^+>K^+, 具有富 Ca^{2+} 贫 Mg^{2+} 的特征(肖晔 等, 2014)。Cl^-/F^- 值可作为判断流体来源的依据, 本文 Cl^-/$F^->1$, 说明成矿流体有地下水或天水的混入(Huang et al, 2014)。溶液中的 SO_4^{2-} 代表了流体包裹体中的所有含硫物相, 如 S^{2-}、HS^- 和 SO_4^{2-} 等(陈衍景 等, 2004), 成矿流体中高的 SO_4^{2-} 浓度是岩浆水存在的有效证据(姜耀辉 等, 1994), 与氢氧同位素组成图解(图 8-3)的投影点落入原生岩浆水区域相吻合。

从图 8-4 可见, 由 A 阶段到 B 阶段, 盐度没有随着温度的降低发生明显的变化, 但矿区包裹体盐度分布范围较广, 为 2.31%~15.40%, 多集中于 3%~11%, 以低盐度为主, 可能说明在成矿过程中有低盐度流体的混入。

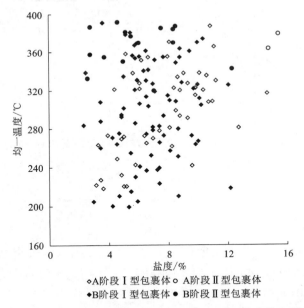

◇A阶段Ⅰ型包裹体 ○ A阶段Ⅱ型包裹体
◆B阶段Ⅰ型包裹体 ● B阶段Ⅱ型包裹体

图 8-4　不同成矿阶段流体包裹体均一温度-盐度散点图

综上, 包金山金矿主成矿期流体属于富 CO_2、低盐度的 Ca^{2+}(Na^+、Mg^{2+})-SO_4^{2-}(Cl^-、F^-)-H_2O-CO_2 体系, 可能为岩浆期后热液, 来源于矿区酸性岩浆热液, 在成矿过程中成矿流体发生不混溶相分离作用, 原始的 H_2O-NaCl-CO_2 流体分离为富 NaCl-H_2O(少量 CO_2)的流体和富 CO_2 的流体, 并在后期混入低盐度的外来流体。

（2）成矿温度及压力条件

显微测温结果表明（图 8-2），矿床的均一温度范围较大，不同成矿阶段的流体盐度没有明显变化，为低盐度。A 阶段大量发育 I 型水溶液包裹体且多成群分布，见有 Ia 型和 Ib 型包裹体共生，仅发育极少量 II 型含 CO_2 包裹体，具不均一捕获特征，按照 Ia 型包裹体的最低均一温度估算成矿温度，范围为 218～258℃；B 阶段除发育 Ia 型包裹体外，II 型包裹体含量大大增多，并见有 III 型纯 CO_2 包裹体，具不均一捕获特征，Ia 型包裹体的最低均一温度为 199～256℃，可能代表该阶段的成矿温度范围。相比之下，从 A 阶段到 B 阶段，成矿温度的范围相近。

研究认为若在薄片中见到同时捕获的纯 H_2O 包裹体和纯 CO_2 包裹体，则可以通过测得纯水包裹体和纯 CO_2 包裹体的均一温度，在 H_2O 和 CO_2 体系联合 $p-t$ 图解上获得包裹体的捕获压力（卢焕章 等，2004）。本文利用岩浆热液成矿期包裹体捕获的两个端元组分进行等容线相交法估算压力，其中水端元密度由 I 型包裹体计算得出，CO_2 密度由 III 型包裹体计算得出。因此，矿区不混溶流体中水端元组分的密度 0.832～0.903 g/cm^3，CO_2 端元的密度 0.702～0.731 g/cm^3，将两端元流体密度投影 $p-t$ 图上，如图 8-5，捕获压力范围为 70～113 MPa。高压部分按照静岩压力估算成矿深度，计算公式为：$H=p/(\rho g)$（ρ 取用大陆岩石平均密度，为 2.70 g/cm^3）。用最高压力 113 MPa 估算得出深度 4.2 km，为深度的上限。

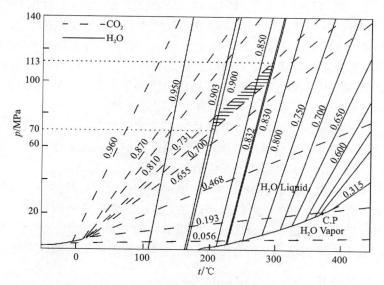

图 8-5　H_2O 和 CO_2 体系联合 $p-t$ 图解

（图中数据为密度，g/cm^3，据 Roedder et al，1980）

8.2　矿床成因分析

8.2.1　大地构造环境

包金山矿区地处湘中坳陷与扬子基地隆起的结合部位，西南缘为湘中坳陷，东北邻扬子基地隆起。该矿区南部发育一条南北展布的紫云山花岗岩岩体，出露地层为新元古界板溪群。该矿区双峰金矿带中重要矿床之一，据湖南省有色地质勘查局近十年的工作发现，该成矿带黄金储量在 30 t 以上(周兴良 等，2008)。

　　该区域跟成矿有关的构造活动可追溯到雪峰运动，但跟金成矿最密切构造活动为加里东运动、印支运动和燕山运动。

　　加里东运动中，该区域经过区域变质和动力变质，使成矿物质在变质热液的影响下易于迁移，并且在有利的构造空间中由于压力降低而使成矿物质沉淀。

　　印支-燕山运动中，大量岩浆的侵入提供的动力，不仅使区域变质和动力变质作用增强，且活化板溪群地层中 Au 成矿物质并转移富集。另一方面，岩浆通道作为成矿的有利场所(曾认宇 等，2013a；2013b)，携带成矿物质的岩浆热液沿着岩浆通道和围岩中构造裂隙进入有利成矿空间沉淀。

8.2.2　成矿物质来源

　　矿源层：包金山矿区马底驿组地层中粉砂质钙质板岩中 Au 的含量足以聚集形成现有规模的矿体，可见该地层同样有成为矿源层的潜质；包金山矿体附近围岩 Au 含量的亏损不明显，但这并不足以说明地层不提供成矿物质。矿区岩脉发育较弱，就算岩脉中的成矿物质全部迁移至矿体中也不足以形成现有规模的矿体，只能说明 Au 矿体附近围岩的亏损现象并不是必然存在的，只有迁移和淋滤作用非常强烈的时候才会产生亏损现象。

　　从区域的角度来看，含金的层位并不限于板溪群，之下的冷家溪群也是湖南重要的含金层位。因此，有深部地层提供成矿物质的可能性是存在的。矿区附近岩体及矿体旁侧的近矿(近岩)蚀变并不强烈，从深部地层获取成矿物质更能够令人信服。另一方面，包裹体氢氧同位素资料表明，成矿流体主要来源于岩浆流体，所以成矿物质直接来源于岩浆，但可能间接来源于岩浆流经的深部地层。因此，岩浆流体对于金成矿作用是一个关键的因素，深部地层甚至岩浆岩的源岩中的成矿物质通过重熔或者岩浆萃取的方式进入熔体相，随岩浆上侵而流动迁移，并在岩浆期后在岩体顶部外围发生金矿化作用。

　　就紫云山岩体所代表的区域岩浆活动与矿区出现的花岗斑岩脉而言，后者可能代表的是前者在浅部的表现，或者说明在矿区的深部存在紫云山岩体向北部的延伸。因为花岗斑岩体的体量很小，很难想象能够提供包金山金矿的成矿物质的足够来源。因此，与金成矿有关的岩浆岩体可能存在于矿区的深部，其为与紫云山岩体相连的印支期酸性岩体。

8.2.3　矿床成因分析

　　包金山金矿所处的双峰地区经历了复杂漫长的构造演化过程，其中印支—燕山期为金属成矿高峰期，区内发生强烈的构造与岩浆活动，岩浆作用为成矿提供动力和物质来源，NE 向和 EW 向断裂构造为矿质的运移和沉淀提供空间。氢氧同位素分析说明矿床主成矿期流体来源于岩浆热液。金矿体类型包括石英脉型和破碎带蚀变岩型，以脉状与透镜状为主。

　　包金山金矿的成矿机制大致如下：

　　加里东期。研究区经历区域变质和动力变质，锑、金等成矿元素在变质溶液的影响下处于易溶状态，并与某些组分形成易溶络合物，在压力梯度作用下，在扩容减压带沉淀。

　　印支—燕山期。发生大规模的岩浆上侵，区内基底构造层上隆，形成大量脆性破裂体系，为流体提供运移通道。深部含矿流体温度高，Cl^- 含量较高，H_2S 多呈气态，金主要以氯络合物的形式存在，只有少量以硫络合物的形式迁移（Gleb et al，2009）。含矿热液沿着断裂上升迁移，与围岩发生物质交换，使围岩遭受不同程度的蚀变，如硅化、黄铁矿化、绢云母化等。流体内的 H^+ 被大量消耗，酸性减弱，温度下降，在这种弱酸性、还原环境的热液中，Au 多以 Au–S 络合物的形式迁移（侯林 等，2012），流体中的 Au–Cl 络合物向 Au–S 络合物转变，部分 Au^+ 被还原析出。当富含金络合物的流体与氧化系统中的流体相混合时，混合成矿热液由封闭体系变为开放体系（彭建堂，1999），流体的温度、压力突然下降，H_2O、CO_2 等气相组分迅速降低，氧逸度迅速增高，金络合物发生分解、氧化，成矿热液中的 S^{2-} 与蚀变过程中析出的 Fe^{2+}、Pb^{2+} 等阳离子结合形成硫化物而沉淀（卢焕章，2008），S^{2-} 被氧化成为 $(S_2)^{2-}$ 或 S^-，极有利于 Au 的还原沉淀，另有部分 HS^- 被氧化成 H_2SO_4 后与围岩中的钙质反应，降低了溶液酸度，使得部分 HS^- 以 H_2S 形式逸出，Au 被还原析出（戚学祥，1998），于韧脆性断裂、劈理、片理密集带及层间剥离空间和层内裂隙中充填、交代成矿（彭小军 等，2008），并与石英、金属硫化物密切共生。

矿区内早期断裂为张性，破碎带中充填乳白色含钨金石英脉，在石英脉中局部见棱角状角砾，并在围岩中发育较大规模与断层平行的条带状的硅化、绢云母化和绿泥石化的物质，硅质物和绿泥石蚀变条带相间发育。主成矿期含金石英脉沿早期断裂旁侧派生羽状裂隙充填，局部沿裂隙充填于破碎蚀变带中。该期热液带来成矿元素，并对前期的富集矿化蚀变岩进行改造和再富集，使微细粒金集中形成粗粒金，局部可见明金，形成金的富矿体。成矿后因挤压应力作用，使断层破碎带产生挤压，破坏了部分金矿脉。

第三期成矿作用　受到后期花岗斑岩脉的影响。岩脉沿北西向断层侵入，受岩浆热液活动影响，金元素再次活化富集，并伴随锑等金属的矿化作用，沿花岗斑岩脉旁侧特别是岩脉转折部位，热液活动较强，形成富金锑细脉状矿体。

综上所述，包金山金矿床成矿物质主要为深源，主成矿期流体以岩浆热液为主，矿体多产于石英脉及破碎蚀变带中，矿床成因类型为变质热液叠加中温岩浆热液充填交代型矿床。

第 9 章

成矿规律及找矿方向

9.1　控矿地质条件

（1）地质条件与成矿的关系

控矿地质条件主要表现在地层、构造、岩浆岩三个方面，研究三者与成矿的关系对我们研究某个矿床有着宏观上的认识，对进一步的研究及找矿有重要的指导意义。

①地层条件。

该区主要含矿地层的岩性为钙质板岩，岩性软弱易碎，容易形成层间揉皱和破碎角砾岩带，又容易被断裂穿插而形成断层；岩石性质活泼性较强，钙质组分有利于成矿热液酸碱度的改变和成矿物质的沉淀，为地层中成矿元素的多期富集提供了条件。层状、似层状矿化富集带的形成，表明了地层层位和岩性对成矿作用有重要的控制作用。前文提到矿区的地层岩石微量元素含量分析，Au 的平均丰度高于黎彤值（4 ng/g）的 3~4.6 倍，表明地层对成矿有提供成矿物质的潜力。

②构造条件。

本区具有多个构造期次，按时间可分为成矿前构造、成矿期构造、成矿后构造，根据作用可分为导矿、容矿构造。

本区褶皱对成矿关系不大，构造方面对成矿作用较大的有近东西向断裂（F9），F9 断裂为多期活动的断裂构造，切割地层较深，成矿前即已存在，成矿期包金山矿区的导矿、容矿构造，也是控矿构造，成矿后又有活动。蚀变岩型金矿脉大多沿着此断裂走向展布，石英脉型金矿脉也与 F9 断裂关系密切，沿 F9 断裂的次级构造充填形成。

北西向断裂带在包金山矿段中被花岗闪长斑岩脉体填充。层间破碎带与北西向断裂带一道，为成矿期构造，一起控制着大量石英脉体的空间展布。

③岩浆岩条件。

围绕紫云山岩体，分布有多个矿床（点），如其西缘产出梓门—完西 Ag-Pb、Zn-Cu 多金属矿，该矿床产出于岩体与围岩接触破碎带，呈南北走向，北端直接伸入岩体断裂破碎带中，是典型的岩浆热液多金属矿，北缘外接触带产有包金山-金坑冲 Au（W、Sb）矿床。据最新研究成果，该矿床主成矿期为岩浆热液期，与紫云山岩体关系十分密切，丫头山铅锌矿直接产于岩体中；另外围发育多处物化探异常，认为紫云山岩体对区域成矿起到了重要的作用，其外围及岩体中具有很好的找矿前景。

矿区花岗闪长斑岩脉中成矿元素含量较高,达克拉克值的数倍,但由于岩体本身体量较小,能提供的成矿物质较少,很难对成矿起到重要的作用。随着岩浆活动上涌的热液对周围地层岩石有强烈的改造作用,可引起矿物质的活化再造和进一步富集,具有局部的成矿意义。岩脉产状变化的部位是构造扩展部位,亦有利于热液的停留和成矿物质的聚集沉淀。

（2）围岩蚀变与成矿的关系

①蚀变与金矿化的关系。

包金山围岩蚀变显著,与金矿化有一定的联系。前文可知,硅化、绢云母化、黄铁矿化对整个包金山矿区的金矿沉淀作用不大,但是在蚀变岩型金矿脉和石英脉型金矿脉与围岩的界线处,蚀变作用对金矿化的富集作用明显。物质的带入带出,再结合构造的成矿作用,使得紧挨围岩的接触部位蚀变强烈,并且多种蚀变类型叠加,也导致此部位的 Au 品位变高。

因此,近矿围岩的主要作用是指示意义,不过单一的蚀变类型不一定能有指示意义,但是蚀变叠加和蚀变强烈处,金的品位则会比较高。石英脉矿体围岩周围主要有硅化、碳酸盐化、绢云母化、黄铁矿化。

②围岩蚀变的形成机制。

总体上,本区的成矿热液可分为两期热液,按时间顺序依次为变质热液、岩浆热液。雪峰期的地壳运动中,区域上发生了区域变质作用,随变质作用产生的变质热液大范围运移,使得原来沉积岩建造中的成矿物质活化而迁移,进行了成矿组分的初步富集,形成了 Au 品位高于地壳丰度的矿源层。加里东期的强构造运动,本区产生大断裂,使得导矿构造形成。本矿区基本不出露寒武纪后的地层,在海西期时本区的沉积作用不明显,板溪群的钙质板岩没有被覆盖。直至印支期的构造运动,随着紫云山复式岩体多次岩浆作用产生的富 Au 的中高温岩浆热液和伴生热液,运移至包金山矿区,沿着前期产生的大断裂上升,流体相态在断裂处突然改变,使得流体与之前的构造破碎岩发生反应形成破碎蚀变岩。反应过程中,构造带中的围岩蚀变显著,蚀变类型包括绢云母化、硅化、黄铁矿化、绿泥石化等。由于紫云山复式岩体的形成是多期次的,因此,围岩蚀变作用的次数也有多次,这意味着在断裂带处的围岩蚀变经过了多次叠加,金矿化明显,导致破碎蚀变带的 Au 品位达到了工业要求。印支期岩浆活动产生较强的构造运动,使得与成矿作用同期的断裂构造发育,导致地层中含 Au 的钙质板岩也随之产生大量裂隙,矿液沿着断裂和地层裂隙填充,形成石英脉矿体,在石英脉体和围岩接触带处发生围岩蚀变,包括绢云母化、碳酸盐化、黄铁矿化等,同时,也生成其他的金属矿物,诸如白钨矿、黄铜矿、辉锑矿等。多次的岩浆活动,使得浅变质地层中的成矿元素不断活化迁移,被萃取至热液中一起运移,在容矿构造处沉淀成矿。

9.2　矿化富集规律与找矿标志

围绕紫云山隆起分布有包金山—金坑冲金（钨、锑）矿、丫头山铅锌矿、梓门—完西铅锌铜（银）矿等多个热液金属矿床,这些矿床成矿条件、成矿作用既有不同之处,又有紧密联系。

扬子板块与华南褶皱带的拼接,在湘中地区形成复杂的地质构造应力场,区域深大断裂与深部岩浆房联通。加里东期,白马山—龙山—紫云山东西向构造带构造应力释放,伴随少量岩浆侵入，造成初始隆起（沉积间断），同时伴随有较弱的成矿活动；印支—燕山期，构造应力再次大规模释放，深部岩浆与壳源重熔岩浆继承初始岩浆通道继续上侵，同时开辟新的侵位空间，形成东西向构造隆起带轮廓，伴随着强烈的成矿作用发生。

紫云山岩体的主体部分为印支期酸性侵入岩，加里东期岩体在隆起南部有所残留，燕山期岩浆活动多以岩株岩脉产出。岩体北西向舌状伸出端是区域上重要地质构造部位，成矿流体活动集中，接触带构造及外围断裂构造为成矿流体提供了运移通道和沉淀场所。包金山—金坑冲金矿、丫头山铅锌矿、梓门—完西铅锌矿在围绕该特殊的地质构造部位发育。丫头山铅锌矿、梓门—完西铅锌矿受岩体内断裂构造和元古界板溪群地层与岩体的接触带构造控制，包金山—金坑冲金矿受板溪群马底驿组含钙质板岩内发育的构造蚀变岩带与北西向切层断裂构造（含金石英脉）联合控制。本项目通过研究区域地质背景、矿床地质特征、构造地球化学、地质成矿作用和构造控矿特征，并参考次生晕地球化学、地球物理等资料，归纳总结了矿化富集规律和找矿标志。

（1）矿化富集规律

包金山—金坑冲金（钨、锑）矿床空间上位于紫云山岩体北西部外接触带元古宇板溪群马底驿组地层中。矿床主控矿构造为近东西向似层状构造蚀变岩带，其走向与倾向上延伸均很稳定，垂向上厚度也比较大，构成品位不高但矿体连续规模较大的金矿体，北西向切层含金石英脉（钨、锑）尾左行雁列式排布，规模较小，品位高，南北向断裂构造控制的锑矿体在深部局部出现。

矿床产出于区域性断裂 F1 和 F9 所夹持的块体中，总体倾向北北东，F1、F9 断裂与深部岩体沟通，是成矿流体运移的通道，同时 F1 充当流体北溢的屏蔽面，使成矿元素在 F1 下盘的地质构造部位沉淀成矿。F1、F9 及所夹持的板溪群马底驿组块体受加里东期南北向挤压形成逆断层，印支—燕山期受紫云山岩体侵入隆起作用，再次拆离活动。地层层理倾角略缓于 F9 断裂，受 F9 牵制经历挤压和拆离活动，地层岩性为含钙质板岩，化学性质活泼，易与成矿流体发生水岩反应，是金元素的主要沉淀场所，在矿区表现为 F81、F82、F83 层间含金构造蚀变岩带。

近东西向构造蚀变岩带和北西向断裂构造（石英脉）两组构造的交汇部位是矿床的主要富矿空间，空间形态呈柱状，总体向北西侧伏，侧伏角 30°~45°（富矿柱实际产状与两组构造交线产状基本一致）。矿区及外围存在的多条东西向构造蚀变岩带和北西向石英脉，应为紫云山褶皱隆起构造体系中的纵向断裂和斜向断裂，两者呈面网状分布，其交汇部位在平面上呈网络节点式分布。整体上呈现出"带状成矿，柱状富矿，网络节点式分布"的成矿规律。

①构造复合部位是矿物质富集的有利地段，尤其是乳白色与烟灰色共存的穿层石英脉与含金有利层位和近东西向层间破碎带的交汇部位是主要富矿地段。

②富矿段空间形态呈柱状，总体向北西侧伏，侧伏角 30°~45°。富矿柱是东西向构造蚀变带与北西向断裂构造（石英脉）的交汇部位（图 9-1，图 9-2）。

③单个矿体及矿脉群有往北西侧伏的规律，单矿体侧伏角为 16°~32°，矿群侧伏角 20°~45°，同一矿带中矿体具雁行式排列特点。

④在花岗斑岩脉走向和倾向的转折部位，有利于金矿的富集。矿山-10~50 m 中段控制的矿体多产于岩脉转折部位的上盘，破碎蚀变强烈则矿化富集。

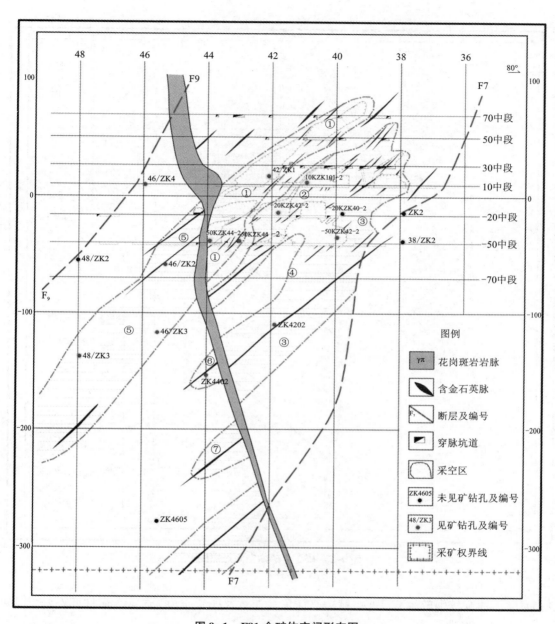

图9-1 F81金矿体空间形态图

（2）找矿标志

根据矿床基本特征及分布规律，总结矿区找矿标志如下：

①钙质板岩、条带状大理岩，尤其是角砾状大理岩是含矿的有利层位和岩性，强烈的硅化、绢云母化和黄铁矿（磁黄铁矿）化是重要找矿标志。

②富矿体产于石英脉中，石英脉是直接的找矿标志。含矿石英脉一般呈乳白-烟灰色，尤其是分布有烟灰色细小网脉的乳白石英脉，含有少量硫化物，产状一般陡立，形态较规则平直，有时可见明金。纯白色的石英脉一般含矿性不好，地层中可见早期变质石英脉体，呈

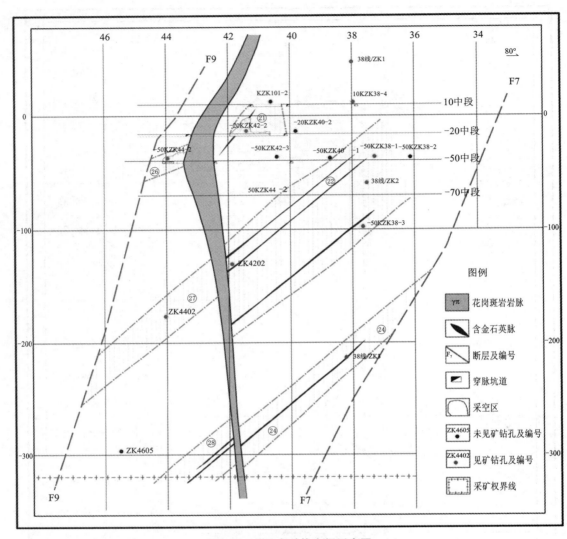

图9-2　F82金矿体空间形态图

乳白色,往往有较强的揉皱变形,脉壁有深色绿泥石及泥炭质边,通常含矿性亦不好,但如果有后期叠加改造可以富化成矿。

③含矿层位以板溪群马底驿组钙质板岩、千枚岩夹条带状薄层大理岩为主,局部角砾化较强,底板有斑点状板岩(变质中基性火山岩)。该地层及岩性在本区呈近东西向展布,发育层间滑动构造及局部的角砾岩化带,早期大理岩化、绢云母化为其重要特征。

④岩体的出露虽不是重要的标志,但岩浆活动对金铅锌的成矿有促进作用,矿体通常出现于岩体附近的围岩中,可见弱的岩浆热变质和热液蚀变现象。晚期花岗闪长斑岩脉对成矿没有重要作用,但可引起局部的改造富化。

⑤矿体的围岩蚀变类型多样,具有多期次的特点,早期变质热液初步富集以绢云母化为主,主成矿期以硅化、黄铁矿化、毒砂化为主,晚期有碳酸盐化和含铁碳酸盐化(铁白云石化)。

⑥地球化学异常是重要的找矿标志，其中成矿元素 Au 是直接的标志，指示元素组合 As、Sb、Cu、Pb、Zn 等值得注意。

9.3　类比分析与找矿方向

9.3.1　类比分析

地质类比理论指出相似的地质环境和成矿条件可以形成相似的矿床，并且具有大致相近的资源量。类比法可以应用到成矿地质条件相似的地区，研究区域及典型矿床的成矿地质背景—成矿空间规律、时间规律、矿床成矿物质来源、矿床共生组合等，并由典型矿床的成矿规律所建立的矿床成因模式、找矿模型来指导类似矿产的成矿预测。历史上，众多找矿成功案例表明，地质类比分析法是找矿预测中有效且高效的方法。

近年来，湖南省有色地质勘查局 214 队在湘东北醴陵正冲金矿勘查找矿中获得了重大突破，探获一大型韧性剪切带型金矿床。项目组通过对比研究包金山金矿床及正冲金矿床成矿地质环境(地层、构造、岩浆岩)、控矿条件、矿石组合类型及围岩蚀变特征等，发现具有较好的相似性，可进行类比分析。

(1)正冲金矿地质特征

湘东北醴陵金矿田位于扬子地块与华夏地块的结合部位，与雪峰构造带和九岭构造带相连接。矿田金矿体主要产于冷家溪群地层中，成矿受构造作用控制明显。正冲金矿床处于醴陵金矿田之衡东—浏阳新华夏系隆起带中段与北西向长沙—萍乡大断裂带的复合部位。

①地层。

正冲金矿区出露地层为中元古界冷家溪群黄浒洞组上段(Pt_2h)，倾向 NE，倾角 30°～50°，其为一套浅变质岩系。原岩为灰白色、黄白色、浅灰绿色含凝灰物质的浊积层，经受浅变质而成为浅色的浅变质砂岩、粉砂质板岩以及板岩。中元古界冷家溪群是本区的主要赋矿层位。

②构造。

矿区位于箭杆山倒转复式背斜的正常翼，本区构造发育，以平行褶皱轴面的劈理化带、与岩层近似平行的层间破碎带和 NW 向的韧性剪切带为特征。

1)劈理化带：受到 NW-SE 向应力的强烈挤压，在其同斜倒转背斜的核部或近核部普遍发育劈理化带，其宽几米至 10 余米，长 100～1000 m，倾向 270°～330°，倾角 30°～60°，劈理化带是褶皱过程中产生的轴面劈理经多次构造运动叠加而形成，是矿区内石英细脉型金矿体的赋存场所。

2)层间破碎带：在褶皱过程中，由于各岩层物理性质的差异，褶皱的幅度核形式有所部一，因而层与层之间产生相对滑动，形成层间破碎带或虚脱空间，这也是石英细脉带型金矿体的赋存部位。

3)韧性剪切带：在矿区内发育一系列韧性剪切带。韧性剪切带的主要特征由 C-S 组构发育、先期面理方位发生改变、早期石英脉体发生塑性流变、局部有相似褶皱发育以及面理核线理强烈发育。韧性剪切带宽 50～150 m，长 1500 m，产状 30°～50°，倾角 55°～75°。在其里德尔剪切裂隙中产有石英大脉型金矿脉，局部由于塑性流变的结果而使矿体厚度加大。

③岩浆岩。

矿区及外围岩浆活动频繁而强烈，不仅可见中酸性岩脉，亦可见基性、中基性岩脉产出。矿田南部大面积出露加里东期花岗岩，包括板杉铺岩体和宏夏岩体(394～423 Ma)，矿田北部分布与成矿关系密切的燕山期中酸性岩浆岩，包括连云山二长花岗岩体(160～164 Ma)、金井中细粒斑状花岗岩体(133.4 Ma)和望湘二云母二长花岗岩体(129～183 Ma)。矿区内石牛田矿段地表出露花岗岩体6处，大都为蚀变花岗岩体，个别为蚀变云英岩，面积150～3000 m²，大多呈不规则小岩株或岩脉出露；亥子冲、正冲矿段主要出露雪峰期片麻状石英钠长石正长石花岗岩脉。214队在以往普查、详查工作中施工的深部钻探工程中揭露到大量花岗岩脉，表明矿区存在着较大的隐伏岩体，且部分岩脉附近几米至几十米范围内的蚀变围岩内金矿品位达3 g/t左右。

④围岩蚀变与矿化特征。

矿区与金矿化有关的围岩蚀变主要为硅化、绢云母化(褪色化)、绿泥石化、黄铁矿化、毒砂化，其次为铁白云石化、方铅矿化以及褐铁矿化等，云英岩化主要发育与花岗岩体中，与Au矿化关系不大。

矿区整个矿化特征来看，黄铁矿化、毒砂矿化及方铅矿化是寻找金的良好标志。当少量细粒黄铁矿化出现在板岩与石英脉接触部位或石英脉中时，往往金矿化较化。毒砂矿化仅与北东向具条带状构造石英脉带型金矿体关系密切，在北东向石英细脉中，当围岩中短柱状(晶体长度小于2 mm)毒砂矿化较发育时，金品位较好，针状(晶体长度大于2 mm)毒砂矿化较发育时，金品位均一般。而在北西向构造蚀变岩金矿体中，毒砂矿化极少发育，常见有方铅矿化，且方铅矿化与金矿化的关系密切，当矿体中见方铅矿时，金品位较高；部分工程揭露的花岗岩脉中，毒砂矿化普遍发育，同时发育金矿化。

⑤矿体特征。

依据控矿构造产出方位和矿石类型，将矿体划分为北东向石英细脉带型薄富矿体和北西向剪切破碎带控制的构造蚀变岩型矿体两种类型。

北东向石英细脉带型金矿体受核部及其近侧的劈理化带和层间破碎带控制，以发育由绢云母、细粒硫化物和微量自然金组成的平行脉壁的绿色条带为特征。勘查控制的矿体主要有V081、V069、V064、V0601、V0611，走向NE，倾向NW，单脉厚0.1～30 cm，形态较规则，局部呈舒缓波状弯曲。矿体与围岩界线清楚，以发育平行脉壁的劈理和条带状构造为特征，劈理中充填交代有绢云母、细粒黄铁矿、毒砂和微量黄铜矿、方铅矿和自然金(图9-3)。

北西向构造破碎带型金矿体产于压扭性(或韧性剪切)破碎带中，明显受韧性剪切带控制，矿体由含金石英脉和矿化蚀变围岩组成，为矿段内主矿体产出部位。勘查控制的矿体主要有V79、V80、V81、V82，走向NW，倾向NE，厚10.58～19.71 m，Au平均品位0.80～12.48 g/t，控制长度最长达500 m。剪切带内黄铁矿化、绿泥石化、毒砂化、铅锌矿化、硅化、褪色化等矿化蚀变强烈(图9-3)。

⑥矿石特征。

矿石中金属矿物有黄铁矿、毒砂、褐铁矿、自然金、金银矿、黝铜矿、闪锌矿、方铅矿及斑铜矿、铜兰等。非金属矿物以石英、绢云母、白云石为主，绿泥石、方解石、铁质物和岩屑等次之。

矿石中有用组分为金，主要以自然金形式存在，多产于石英、黄铁矿、毒砂间隙间，少量

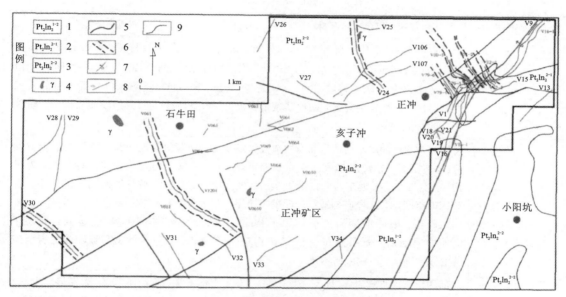

图 9-3　正冲金矿床地质图

1—灰黑色含凝灰质砂岩、砂质板岩；2—浅变质砂岩、粉砂岩、板岩；3—深灰色-灰绿色浅变质砂岩、板岩；
4—中细粒花岗岩脉；5—断层及编号；6—韧性剪切带；7—倒转背斜；8—金矿脉及编号；9—地质界线

黄铁矿、毒砂包裹。有害组分主要为毒砂、黄铁矿，毒砂、黄铁矿含量及分布和金的含量与
分布密切相关。

　　矿石的结构主要有自形晶粒状结构、半自形晶粒状结构、他形粒状结构、包含结构、结
状结构、乳浊状结构、交代结构等。

　　矿石构造主要有浸染状构造、块状构造、脉状和网脉状构造。部分含金石英脉具条带状
构造。

　　（2）地质类比分析

　　依前文所述，包金山金矿床和正冲金矿床具有很高的相似性，本节将从成矿地质环境
（地层、构造、岩浆岩、成矿带）和矿床地质特征（控矿构造、矿体特征、矿石类型、围岩蚀变
等）两个层次对两者进行地质类比分析。

　　①成矿地质环境类比分析。

　　一般意义上的成矿地质环境主要指与成矿有关的地层、构造、岩浆岩和所属成矿区带等
基础地质条件，详见表 9-1。

表 9-1　成矿环境类比分析表

地质条件	包金山金矿床	正冲金矿床
地层	新元古界板溪群马底驿组中第二岩性段(Pt_3bnm^2)，倾向 NNE，倾角 $20°\sim30°$（二总队），岩性为一套陆缘斜坡相的灰-紫灰色-中厚层状钙质板岩夹含钙质团块状条带状板岩、变质砂（粉砂）岩	中元古界冷家溪群黄浒洞组上段(Pt_2h)，倾向 NE，倾角 $30°\sim50°$，岩性为灰白色、黄白色、浅灰绿色含凝灰质的浊积层经受浅变质而成的浅变质砂岩、粉砂质板岩
构造	总体为一北倾的单斜构造。断裂构造极为发育，依据产出方位、构造性质规模和控矿作用，分为四组：①近东西向区域断裂，控制矿床的空间定位，导矿构造；②近东西向层间破碎带，破碎蚀变岩型矿体赋矿构造；③北西向断层，石英脉型矿体赋矿构造；④北东向断层，后期破矿构造	箭杆山背斜的正常翼。断裂构造十分发育，依据产出方位和控矿特征，分为三组：①北东向平行轴面的劈理化带，石英细脉型赋矿构造；②层间破碎带，石英细脉型矿体赋矿构造；③北西向韧性剪切带，石英大脉型和破碎蚀变岩型矿体赋矿构造
岩浆岩	北部沩山酸性复式岩体（印支—燕山期），东部歇马中粒黑云母花岗岩（220 Ma），南部紫云山黑云母花岗岩（220 Ma）、二云母花岗岩（175 Ma）、似斑状黑云母花岗岩（222 Ma）组成的复式岩体	南部板杉铺岩体和宏夏岩体（394~423 Ma），北部连云山二长花岗岩体（160~164 Ma）、金井中细粒斑状花岗岩体（133.4 Ma）和望湘二云母二长花岗岩体（129~183 Ma）
所属成矿带	东西向白马山—龙山—紫云山金矿带	北东向醴陵—浏阳金矿带

　　从表 9-1 可以看出，包金山金矿床和正冲金矿床成矿地质环境有较高的相似性，同时又存在一定的差异性。首先，两者均产于 Au 元素高背景值的元古界老地层中，其中前者为新元古界板溪群马底驿组（高涧群黄狮洞组），后者为中元古界冷家溪群黄浒洞组，两者均是华南十分重要的金矿源层，可为金成矿提供丰富的成矿物质，前者如沃溪金锑钨矿，后者如万古、黄金洞金矿等。其次，两者均为构造控矿，其中包金山矿床为近东西向断裂构造、层间破碎带和北西向石英脉，正冲金矿床为北西向韧性剪切带、北东向层间破碎带和劈理化带，矿石类型均为破碎蚀变岩型和石英脉型两种。再次，两者成矿均与区域性中酸性岩浆岩关系密切，前文第 7 章已论述包金山金矿为主成矿期为岩浆热液期的多期叠加矿床，成矿时间为印支—燕山期，而据徐昊等（2013）的研究成果，正冲金矿成矿与岩浆岩作用关系密切，特别是燕山期岩浆活动。同时，两者仍具有一定的个性差异，如包金山金矿床位属白马山—龙山—紫云山金（锑）成矿带，其区域构造线方位为东西向，成矿种属有金、锑（钨）等，而正冲金矿床位属醴陵—浏阳湘东北成矿带，其区域构造线方位为北东向，成矿种属主要为金。从以上分析可以看出，包金山金矿床与正冲金矿床成矿地质环境有很高的相似性，在类比分析研究的同时，注意两者的个性差异，有望取得更大的找矿突破。

　　②矿床地质特征类比分析。

　　矿床地质特征类比分析详见表 9-2，从表 9-2 可以看出，包金山金矿床和正冲金矿床矿体类型均以构造蚀变岩型为主，石英脉型次之，矿体规模较为相近；矿石金主要以自然金的形式的存在，主要为填隙金和裂隙金；矿石矿物成分相似，金属主要有黄铁矿、毒砂、方

（杂）铅矿、闪锌矿、黄（斑）铜矿等，非金属矿物主要有石英、绢云母、绿泥石、方解石、白云石等；矿石结构构造相似，主要为它形-半自形粒状结构、交代结构，浸染状构造、条带状构造等；围岩蚀变类型和规模相似。主要不同之处在于：①其控矿构造产出方位存在差异，包金山构造蚀变岩型矿体走向近东西向，正冲则为北西向，包金山石英脉型矿体走向呈北西向，而正冲为北东向；②包金山矿床产出白钨矿、辉锑矿，无金银矿，而正冲矿床无白钨矿、辉锑矿，有金银矿。其中②不难解释，主要是因不同成矿地质环境下成矿流体携带不同成矿物质而致。而造成①这种差异的原因有两种可能性，一为两者所产出的大地构造背景不同，其形成时的区域应力方位不同而致，二为研究程度不够，两者实际距离直线距离仅约 80 km 左右，其构造体系应具有一定联系，由于研究程度不够，导致结论有所出入，如包金山北西向构造仅为石英脉还是石英脉本身就是韧性剪切带的一部分，这本身就是个疑问。从近年的研究成果来看，特别是正冲金矿北西向韧性剪切带重新识别和定义（石英细脉本身就是韧性剪切带的重要组成部分）后，其找矿获得了重大突破，该过程非常值得借鉴和学习。再者，两者成矿时间相近，包金山主成矿期为印支—燕山期，正冲为燕山期，均经历了多期成矿作用叠加，形成时构造应力场应比较相似，而北西向构造为较隐性的一组构造，难以识别，这给研究和认识带来一定的困难。

表 9-2 矿床地质特征类比分析表

矿床名称	包金山金矿床	正冲金矿床
控矿构造	①近东西向区域断裂，控制矿床的空间定位，导矿构造；②近东西向层间破碎带，破碎蚀变岩型矿体赋矿构造；③北西向断层，石英脉型矿体赋矿构造；④北东向断层，后期破矿构造。主矿体赋矿构造为东西向与北西向构造交汇部位	①北东向平行轴面的劈理化带，石英细脉型赋矿构造；②层间破碎带，石英细脉型矿体赋矿构造；③北西向韧性剪切带，石英大脉型和破碎蚀变岩型矿体赋矿构造。主矿体赋矿构造为北西向韧性剪切带
矿体特征	①东西向破碎蚀变岩型矿体，脉状金矿体，走向延长约 60 m，倾向 N，倾角 63°～65°，矿体真厚度 1.10～3.50 m，平均品位 0.81～3.51 g/t，似层状金矿体，走向延长 25～99 m，倾向 NNW，倾角 45°～60°矿体真厚度 1.0～9.0 m，平均品位 0.4～12.25 g/t；②北西向石英脉型金矿体，走向延长 n～40 m，倾向 SSW，倾角 45°～67°，单脉厚 0.2～0.7 m，平均品位 3.70～10.31 g/t，短脉状、透镜状产出	①北西向破碎蚀变岩型矿体，勘查控制的矿体主要有 V79、V80、V81、V82，走向 NW，倾向 NE，厚 10.58～19.71 m，Au 平均品位 0.80～12.48 g/t，控制长度最长达 500 m；②北东向石英脉型薄富矿体，勘查控制的矿体主要有 V081、V069、V064、V0601、V0611，走向 NE，倾向 NW，单脉厚 0.1～30 cm，形态较规则，局部呈舒缓波状弯曲

续表9-2

矿床名称	包金山金矿床	正冲金矿床
矿石矿物成分	破碎蚀变岩型和石英脉型两种矿石类型。矿石中金主要以自然金的形式存在，金的成色高，其产出状态以填隙金（晶隙金、裂隙金）为主，连体金和包裹金次之，主要富集于片状矿物之间。金属矿物主要有黄铁矿、磁黄铁矿、白钨矿、辉锑矿、黄铜矿、杂铅矿、闪锌矿、毒砂等，非金属矿物主要有石英、方解石、白云石、铁白云石、绢云母、绿泥石等	破碎蚀变岩型和石英脉型两种矿石类型。矿石中金主要以自然金形式存在，多产于石英、黄铁矿、毒砂间隙间，少量黄铁矿、毒砂包裹。矿石中金属矿物有黄铁矿、毒砂、褐铁矿、自然金、金银矿、黝铜矿、闪锌矿、方铅矿、斑铜矿、铜兰等，非金属矿物以石英、绢云母、白云石为主，绿泥石、方解石、铁质物和岩屑等次之
矿石结构构造	矿石结构主要为它形粒状结构、充填交代结构、压碎结构。其次为自形-半自形粒状结构、胶状结构、交代溶蚀结构、包含结构等。矿石构造以浸染状构造为主，自然金与金属硫化物皆以浸染状分布，其次有角砾状构造、细脉状构造、条带状构造等	矿石的结构主要有自形晶粒状结构、半自形晶粒状结构、他形粒状结构、包含结构、结状结构、乳浊状结构、交代结构等。矿石构造主要有浸染状构造、块状构造、脉状和网脉状构造。部分含金石英脉具条带状构造
围岩蚀变	与金矿化关系密切的围岩蚀变主要有硅化、绢云母化、黄铁矿化、磁黄铁矿化、杂铅矿化、白钨矿化、辉锑矿化、绿泥石化、毒砂化、黄铜矿化、闪锌矿化和碳酸盐化等	与金矿化有关的围岩蚀变主要为硅化、绢云母化（褪色化）、绿泥石化、黄铁矿化、毒砂化，其次为铁白云石化、方铅矿化以及褐铁矿化等

9.3.2　找矿方向

包金山金矿床位于白马山—龙山—紫云山金锑成矿带东端，成矿地质条件有利，成矿环境优越，为一主成矿期为岩浆热液期的多期叠加矿床。矿床矿体类型以构造蚀变岩型为主，石英脉型次之，具有"带状成矿，柱状富矿，网络节点式分布"的成矿规律。通过前文第6、7、8章的论述，总结找矿方向如下：

①矿区北部东西向土壤地球化学异常带，该异常带 Au、W、Pb 的异常明显，Au 和 W 异常重叠，与包金山—金坑冲矿带平行，同时与区域性断裂 F1 重合，延长数公里，规模大，异常浓度高，值的探索研究。

②矿区北西部胡家仑地区，该区是东西向金坑冲—包金山金矿带的西延部分，同时是紫云山岩体舌状伸出端外接触带，成矿流体涌溢的集中区，成矿作用强烈（坑道工程揭露），构造发育，应重点关注。

③东西向构造与北西向构造的交汇部位，矿床的主要富矿空间为两者交汇形成的柱状体，向北西侧伏，侧伏角30°~50°，总体上具有"带状成矿，柱状富矿，网络节点式分布"的成矿规律。矿区及外围存在两条平行的异常带，而北西向构造较为隐性，难以辨识，加强北西向构造研究，寻找未知的其他"节点"。

④是否存在北西向构造蚀变岩型矿体？包金山金矿床与正冲金矿床无论在成矿地质环境还是矿床地质特征，均有很高的相似性，借鉴正冲金矿找矿突破思路，重新深入总结研究北西向构造特征，探索北西向构造成大矿可能性。

第 10 章

找矿预测

　　找矿预测是一个综合分析评价的过程。由于找矿的信息具有多源性、复杂性、模糊性等特点，很难使用单一因素来模拟复杂的评价预测过程，而需要建立综合的评价预测模型。找矿预测的对象是隐伏矿床、盲矿体和难以识别的矿产，研究它们的成矿背景、成矿条件、成矿信息及成矿规律，并在此基础上根据相似类比理论、地质异常理论和组合控矿理论，运用合适的找矿预测方法，进行所需比例尺的成矿预测研究，圈定找矿靶区。

　　本章节在前文区域地质背景分析、矿床成因和控矿因素研究、成矿规律总结的基础上，根据土壤次生地球化学、构造原生晕、构造控矿规律等资料的分析，对包金山矿区边深部找矿潜力进行分析，开展下一步找矿预测工作。

10.1　预测原则

　　综合信息成矿预测是在成矿系列理论指导下，以地质体(或矿产资源体)为单元，通过对地质、地球物理、地球化学、遥感等单一成矿信息的综合提取；然后，通过信息筛选、信息关联和信息转换等一系列程序；最终建立综合信息成矿系列找矿模型及相应的矿化系列找矿模型；通过对已知成矿系列找矿模型，实现对未知矿化系列的成矿系列的定量定位预测。遵循如下预测原则：

　　(1)地质背景研究与地质异常研究相结合

　　地质异常是在结构、构造或成因序次上与周围环境有着明显差异的地质体或地质体组合，区别于一般的控矿地质因素或找矿标志，具有一定的空间范围和时间界限，是可能产生特殊类型矿床或产出前所未有的新类型或新规模矿床的必要条件。相对背景而言，异常具有等级性(或层次性)，与地质背景的关系是一种随时间继承、演化的物质关系。

　　(2)类比方法与求异理论相结合

　　"相似-类比理论"指导下的找矿预测，首先是建立在某一类矿床的成矿模式的基础上，其中包括地质模式，地球物理模式，地球化学模式等。在此基础上，运用统计预测方法建立综合信息找矿模型，通过找矿模型实现成矿预测。显然，该方法只能预测与之类型相同或规模相似或更小的矿床，而不可能预测尚未发现的新类型矿床或迄今没曾发现过的规模巨大的矿床，而每个矿床都具有其得天独厚的有利成矿因素，因此，必须在综合信息找矿模型的基础上应用"求异"理论。

(3)宏观分析与实际观察相结合

找矿不是在图纸上找,野外实际观察也不是连续的,仅是一种平面的二维地质测量,无法反映深部地质(或成矿)信息。所以,应以实际观测的地质图为基础,应用遥感、地质、地球物理、地球化学等多种信息进行综合分析,从而更全面、客观地反映地质体及其组合的三维分布规律,实现立体成矿预测。

(4)矿化系列研究与成矿系列研究相结合

成矿系列找矿模型反映了已知矿床组合的控矿地质因素和找矿标志,是一种直接找矿信息。而通常在成矿预测中采用的各种资料(如水系沉积物、航磁和重力等)水平相对较低,反映了矿化系列特征。必须在已知成矿区,通过信息关联和转换,建立成矿系列找矿模型和矿化系列找矿模型的对应关系,通过已知成矿系列的矿化系列找矿模型预测未知成矿系列。

(5)地质演化的角度研究物化探异常

多种历史实例表明,矿异常是多次地质成矿作用叠加的产物。传统的化探方法圈定的金异常,绝大多数是由地质背景引起的非矿异常。而那些异常面积大,其强度低的金异常仅仅反映了金的有利成矿背景(如湖南前寒武基底)。因此,对异常的圈定和运用必须结合地质演化历史进行才能起到较好的效果。

10.2　区域找矿潜力评价

研究区位于白马山—龙山—紫云山东西向串珠状隆起带东段,其西缘受南北向区域性断裂 F1 约束(F1 以西为湘中盆地古生代-中生代新地层沉积,以东为元古宇老地层隆起),南部受紫云山岩体北西向"舌状"伸出端挤压,地层-构造-岩浆岩三位一体,成矿条件得天独厚(图 10-1)。区域上多次地质运动方式的转化和不同构造层次的和叠加,为区内岩浆和矿液提供了必要的物质运移通道,同时也为成矿创造了良好的沉淀空间。同时,紫云山地区位于扬子板块和华南褶皱带缝合部位,经历了多期次地质运动的历史演化,具有构造-岩浆多旋回的演化特点,与其相伴的成矿作用也具有多期次、多类型的特点,就金矿而言,其类型以蚀变岩型及石英脉型为主,且在空间上关系密切,常相伴出现。

(1)具有形成大型金矿的金矿源层

金作为幔源成矿元素,其成矿富集作用主要与循环于地壳中的岩浆流体及其他地质流体有关,而基底形成时大规模的壳幔分离作用对金的富集程度至关重要。紫云山隆起为前寒武纪元古界基底,含大量的幔源物质组分,元古界板溪群、冷家溪群古老地层是湖南最重要金矿源层,岩石中金元素的平均丰度超出了地壳克拉克值的数倍,在研究区内大面积分布的元古界古老地层构成的金地球化学块体,为区内形成大型金矿提供了充足的物质来源。

(2)具有形成金矿的岩浆-流体条件

一个地区与成矿关系最为密切的构造-岩浆活动是最强一次和最后一次的构造-岩浆活动。据研究,紫云山地区最强烈、最晚一次的构造-岩浆活动为晚印支期-燕山期中酸性岩浆侵入活动,该期岩浆侵入活动与紫云山地区金矿的成矿作用关系十分密切:它不但为成矿作用提供了热源和新的矿质来源,而且其含矿热液萃取了深部基底地层中的矿质,为形成金矿床提供了条件。

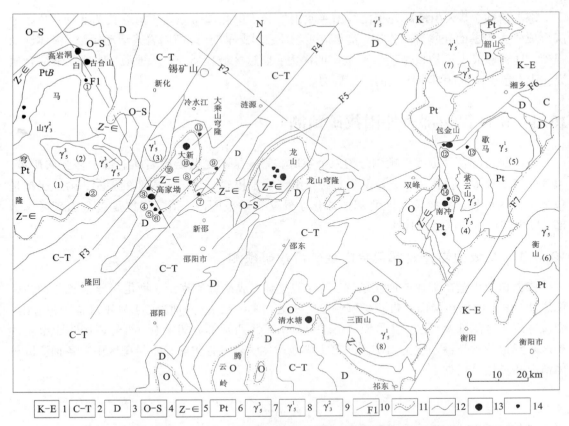

图 10-1　白马山—龙山—紫云山一带地质略图（据龚贵伦，陈广浩，鲁豫龙 等，图件改编）

图例：1—白垩—古近系砂页岩，2—石炭—三叠系灰岩，3—泥盆系灰岩，4—奥陶—志留系砂页岩，5—震旦—寒武系浅变质砂岩，6—元古界浅变质砂岩，7—燕山晚期花岗岩，8—印支期花岗岩，9—加里东期花岗岩，10—基底断裂，11—不整合界线，12—地质界线，13—金矿床，14—金（锑）矿点；岩体：(1)—白马山岩体，(2)—望云山岩体，(3)—天龙山岩体，(4)—紫云山岩体，(5)—歇马岩体，(6)—衡山岩体，(7)—沩山岩体，(8)—三面山岩体；基底断裂：F1—邵阳—郴州断裂，F2—锡矿山—涟源断裂，F3—桃江—城步断裂，F4—涟源—黄亭断裂，F5—宁乡—新宁断裂，F6—双峰—湘乡断裂，F7—祁阳—株洲断裂；金（锑）矿点：①—青芹寨，②—白竹坪，③—红庙，④—掉水洞，⑤—白云铺，⑥—三郎庙，⑦—分水坳，⑧—新田铺林场，⑨—坪上，⑩—长扶，⑪—禾青，⑫—雷家冲，⑬—高冲，⑭—尚敬堂，⑮—青家湾

（3）具有良好的导矿容矿构造

紫云山岩体西缘南北向和北缘东西向区域性断裂构造薄弱带是研究区内生金属矿床成矿流体的良好通道和屏蔽带，其次级及更次级构造，控制了区内矿田矿床和矿体的分布。在该两条断裂和紫云山岩体所夹持的包金山地区，断裂构造多层次叠加，以近东西向、北西西向为主，次有北东向、近南北向等，相互交错、贯通，为矿质的迁移、沉淀富集提供了条件。

（4）具有成矿流体活动信息和成矿事实

研究区内重砂、分散流、土壤次生晕、构造原生晕测量，圈出了一批以金为主，多种元素互相叠加的地球化学异常，自西向东，胡家仑矿区、包金山—金坑冲矿区、秋旺冲矿区均有一定面积的分布。包金山、金坑冲地区已有矿床分布，与已圈定的地球化学异常吻合良好。此外，在胡家仑、秋旺冲地区又新发现数条含金蚀变岩带和石英脉，初步评价认为具有较好的找矿潜力。

综上所述，紫云山地区处于白马山—龙山—紫云山隆起带东段，构造长期活动；基底地层形成于大规模的壳幔分离作用，富集成矿物质；印支早期-燕山期岩浆活动频繁，流体活动强烈，具有形成大型构造蚀变岩型金矿的潜力；通过区域地质、矿床地质、地球化学综合研究，认为包金山地区具有很大的找矿潜力。

10.3 矿区深边部及外围找矿预测

矿区深边部及外围找矿预测分为三个层次。第一层次是紫云山岩体北部金多金属矿带，包含区域上较大的范围，主要是受到马底驿组钙质千枚岩与紫云山岩体的控制；第二层次是包金山矿区外围，主要是矿区北部地球化学异常带的范围内；第三层次是包金山矿区深边部，集中在现有矿区的延伸段。

10.3.1 紫云山岩体北部包金山金矿带找矿预测

依据包金山金矿带成矿地质条件、流体包裹体、成矿物质来源、物化探异常及各种找矿标志的分析，圈出包金山矿带找矿预测靶区3处（图10-2），分别为：Ⅰ号靶区位于包金山-金坑冲现采区深部及外围，Ⅱ号靶区位于包金山矿区西延部分胡家仑，Ⅲ号靶区为于金坑冲矿区东延部分秋旺冲。包金山矿区北部土壤地球化学异常带包含在Ⅰ号靶区中。各预测区具体情况和依据分析如下：

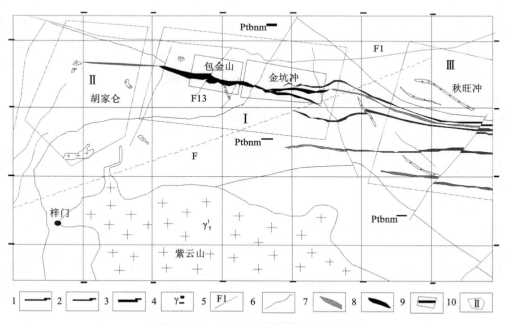

图10-2 包金山金矿带找矿预测图

1—板溪群马底驿组第一岩性段；2—板溪群马底驿组第二岩性段；3—板溪群马底驿组第三岩性段；4—花岗岩（紫云山岩体）；5—断裂构造及编号；6—地质界限；7—蚀变岩带；8—金矿化体；9—矿区范围；10—预测靶区

（1）Ⅰ号靶区

位于包金山–金坑冲现矿区深边部。根据成矿地质作用模型，已知金矿床主要产于紫云山岩体北西向侧伏端外接触带，含矿有利层位为新元古界板溪群马底驿组，主要含矿构造为近东西向构造蚀变岩带和北西向断裂构造。流体包裹体、地球化学等证据显示包金山金矿床流体来源主要为岩浆热液，而成矿元素主要来源于深部古老结晶基底。包金山—金坑冲金矿床主要含矿构造为近东西向蚀变岩带及北西向石英脉，与区域性导矿构造联通，是含矿流体活跃和沉淀的重要场所。矿区北部区域性大断裂 F1 不仅是重要的导矿构造，同时也是含矿流体北溢的空间屏蔽面和地球化学屏蔽面，且其本身分布地带是多元素土壤地球化学异常带（详见第 8 章），同时，据区域资料，预测区内分布有多处不同级别的分散流 Au 元素、重砂及物探异常，因此，F1 及其南侧下盘是重要的找矿预测靶区。

（2）Ⅱ号靶区

位于包金山矿区西部胡家仑地区，紫云山岩体北西向"舌状"伸出端外接触带，成矿地质条件与Ⅰ号预测区类似。紫云山岩体向北西向侧伏，流体丰富。同时，航磁资料显示，推断性区域断裂 F 南北两侧分别为航磁正负异常，已知包金山–金坑冲金矿床产于 F 北侧航磁负异常分布区，而本预测区是航磁负异常的核心部位（图 10-3），北有 F1 作为屏蔽，且预测区内分布多个带状物化探异常，综合，预测该区可能存在与包金山金矿体平行的构造蚀变岩型金矿体或石英脉型金矿体。

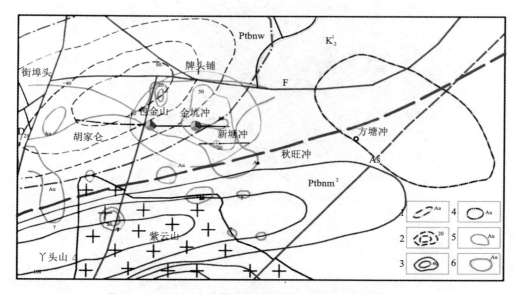

图 10-3 包金山金矿带物化探异常图（据二总队资料改编）

1—原生晕金异常；2—航磁负异常；3—航磁正异常；4—金属量砷异常；5—重砂异常；6—分散流金异常

（3）Ⅲ号靶区

位于金坑冲矿区东部秋旺冲地区。该区属于金坑冲矿床蚀变岩带东延部分，已圈出 3～5 条较大规模的蚀变岩带，另本次工作在预测区东北角发现一硅化破碎带，分析结果显示 Au 达 138 ng/g，Pb 达 144 μg/g，Zn 达 204 μg/g，W 达 123 μg/g，同时，区域资料显示该区物化探异常良好,因此,该区有较好的找矿潜力。

10.3.2　包金山矿区外围找矿预测

根据包金山矿区成矿条件和成矿规律的分析,圈定包金山矿区外围第二层次预测区1个,坐标节点为(628000,3052200),(628000,3052900),(629400,3052900),(629400,3052200),预测区间图10-4。本预测区的预测依据主要是土壤地球化学异常。

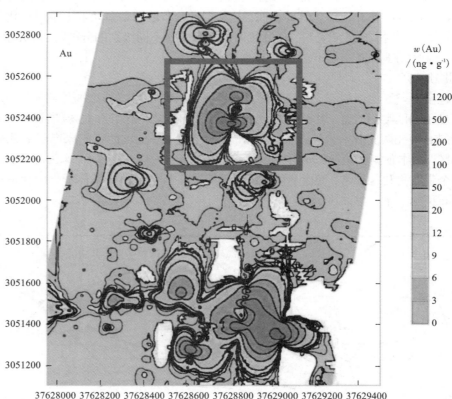

图10-4　包金山矿区北部外围预测区

10.3.3　矿区深部找矿预测

深部找矿预测是成矿条件、构造解析、地球化学、地球物理等多种信息的综合预测,依据已有资料,本节以包金山矿区42勘探线剖面为例,建立矿床原生晕轴向分带与深部预测模型,从而进行深部矿体预测。

(1)矿体原生晕形成、叠加机理及研究方法

从总体上讲,成矿与成晕是同一地质作用的不同表现形式,矿体原生晕的形成是在大量成矿物质运移和成矿过程中,部分含矿热流体或残余含矿热流体沿运矿通道及其周围围岩的裂隙继续渗流运移,并随着温度、压力及其他物理化学条件的改变,元素从热流体中逐步析出沉淀的结果。在热液矿床成矿作用过程中,成晕元素主要呈液相以渗透和扩散两种方式迁

移，在原生晕形成过程中，这两种方式相互伴生。一般来讲，沿成矿晕方向以渗透迁移方式为主，而在矿体或含矿溶液通道两侧以扩散迁移为主；含矿溶液停止运动时则以扩散迁移方式为主。成晕元素本身的地球化学活动性是原生晕形成的主要控制因素，地球化学活动性差的元素在矿体下部或其内较先析出沉淀，地球化学活动性好的元素则继续随残余热液流体迁移到矿体上部或离矿体较远的地方，在一定的物理化学条件下析出沉淀，从而形成了元素的原生晕分带性。如元素 Sn，它是离子密度较高的高温元素，其地球化学活动性较 Cu 差，在含矿热流体的迁移演化过程中，随着温度、压力的减少，Sn 在 Cu 矿体形成之前率先析出沉淀，在铜矿体的下部或尾部形成铜矿体的尾晕；元素 Ag、Au，他们均属于亲 Cu 元素，其地球化学活动性与 Cu 相似，且具有相似的迁移形式和沉淀条件，在成矿作用过程中，他们几乎与 Cu 同时析出沉淀，在铜矿体内部或近矿边缘形成矿体中部晕，又由于 Ag 的地球化学活动性较 Au 强，在含矿热流体中较稳定而常常较 Au 后析出沉淀；元素 Pb 和 Zn 都是亲 S 亲 Cu 元素，他们的地球化学活动性比 Cu 强，因此往往被残余热流体携带到铜矿体上部析出沉淀而形成矿体的前缘晕。

矿床地质研究表明，除简单的脉型矿床外，大多数的矿床的形成，往往都不是一次简单的地质作用，而是一个复杂的地质作用过程，成矿物质的多源性，矿质的预富集，成矿作用的多期次、多阶段及成矿后的改造作用等，都会影响目前人们所观测的最终原生晕分带模式，这就是矿体的原生叠加晕模式。它的形成是以矿体原生晕为基础，是多个矿体、多个成矿作用、成矿作用的多期次、多阶段及成矿后的改造等原生晕叠加而成的。在这种叠加作用过程中，一般而言，单个矿体都会保留各自的原生晕分带特点，但同时又经受了相邻矿体、后期形成的矿体、后期成矿作用等原生晕的叠加改造，许多成晕元素将又一次被活化迁移，重新分配。如元素 Mn，有实验表明，在一定的温度、压力和酸度条件下，某些岩石中 40% 的 Mn 被活化迁移。因此，矿体原生叠加晕不仅是矿体原生晕在空间上的继承性和叠加性，还是多个成矿作用、成矿作用多期次、多阶段的叠加改造的体现，这种叠加改造作用的结果，一般来说，会形成一个范围更大的、强度更小的、统一的原生叠加晕分带模式，同时单个矿体也保留了各自原生晕的分带特点。

研究矿体的原生叠加晕，首先应研究单个矿体成晕元素的分带规律，根据单个矿体原生晕的分带规律，结合成晕元素的分布特点，进一步研究多个矿体、多个成矿作用、成矿作用的多期次、多阶段等所形成的原生晕的空间叠加结构及形成机理。在此基础上，进而分析原生晕对隐伏盲矿体的指示意义。一般来说，在有成矿元素异常的条件下，若有前缘特征指示元素异常，则指示深部盲矿存在；在有成矿元素异常的条件下，若出现前、尾晕共存，则指示该异常为上部矿尾晕，并有深部盲矿的前缘晕叠加，预示深部还有盲矿；若在矿体中出现前、尾晕共存，则指示下部叠加矿体刚好露头，矿体向下延伸还很大。

（2）包金山金矿床 42 线剖面原生晕的分带性

原生晕分带性方法主要有直接经验对比法、分带衬度系数法、分带指数及浓集中心法等，本次研究采用格里戈良分带指数法，用格里戈良分带指数法是广泛使用的一种研究元素分带序列的方法，其原理是根据元素分带指数的最大值所在截面位置由浅至深所研究元素顺序排列。

格里戈良分带指数法研究主要分为以下三步：

①线金属量标准化：首先在所研究的截面上找出各元素的最大值，再从各元素最大值中

选出最大值，将其余元素乘以 10^n（$n=0$，1，2…），使其与各元素最大值中的最大值处于同一数量级，其最大的倍数称为标准化系数，将所有线金属量原始数据乘以标准化系数即可得标准化数据，进而计算分带指数。

②分带指数计算：某元素分带指数是指标准化后的某元素的线金属量与所在截面标准化后的各元素线金属量和的比值，即：

某元素分带指数 = 某元素的线金属量/某研究截面的各元素线金属量总和

分带指数最大值所在截面的位置，就是该元素在垂直分带中的位置。

③变化指数（G）和变化指数梯度差（ΔG）计算：当同一水平截面同时出现两个以上元素分带指数最大值时，其在分带序列中的确切位置可用分带指数的变化系数（G）及变化指数梯度差（ΔG）来进一步确定；其中两个以上元素的分带指数最大值同时位于剖面的最大截面或最下截面时，用变化指数 G 来进一步确定它们的相对位置；当位于中部截面时，用分带指数变化梯度差 ΔG 来确定相对位置：

$$G = \sum_i^n \frac{D_{max}}{D_i}$$

$$\Delta G = G_下 - G_上 （反映元素向上富集的趋势）$$

式中：D_i 为某元素在截面上的水瓶分带指数值；D_{max} 为某元素的分带指数最大值；n 为水平截面个数（不包括分带指数最大值所在的截面）。

用变化指数确定相对位置时，当分带指数最大值同时位于剖面最上截面时，G 大的排在相对较高的位置，G 小的排在相对较低的位置；当分带指数最大值同时位于剖面最下截面时，排列顺序与上述相反。

用变化指数梯度差确定相对位置时，ΔG 越大的元素，越应排在分带序列较高的位置。

1）数据准备。

本次研究选取包金山矿区 42 号勘探线控制主矿体的 −50 中段（标高 −50 m）、ZK4203（控制标高 −214 ～ −167 m）和 ZK4204（控制标高 −302 ～ −276 m）岩矿石 49 件样品，化验分析由湖南省有色地质测试中心完成。采样示意图见图 10-5，分析结果见表 10-1。

表 10-1　42 线剖面原生晕分析结果表

编号	Cu	Pb	Zn	Mn	Ag	Sn	Mo	W	As	Sb	Hg	Tl	Au
	μg/g	μg/g	μg/g	μg/g	μg/g	μg/g	μg/g	μg/g	μg/g	μg/g	ng/g	μg/g	ng/g
BJJ-300	15.9	61.1	80.5	616.2	0.049	9.3	0.58	27.91	1694.0	8.51	73.51	0.67	37.4
BJJ-301	7.6	38.7	25.8	2073.9	0.105	2.8	0.23	6.26	13.78	2.50	49.38	0.02	33.2
BJJ-302	1.8	35.6	49.4	2313.8	0.053	2.8	0.36	10.26	43.48	0.71	56.13	0.21	10.6
BJJ-303	2.3	35.2	61.6	2436.7	0.059	3.2	0.20	10.72	6.03	0.76	43.13	0.28	5.3
BJJ-304	3.2	34.6	118.9	2271.6	0.043	3.1	0.21	9.82	10.63	3.39	44.20	0.62	23.3
BJJ-305	8.6	17.8	17.5	277.0	0.053	2.0	0.61	19.50	13.97	0.15	47.96	0.01	17.2
BJJ-306	4.4	30.2	79.1	1400.1	0.041	2.0	0.51	25.11	29.15	4.07	60.04	0.58	13.5
BJJ-307	2.0	46.6	41.2	3571.8	0.070	2.9	0.17	7.63	6.77	1.46	57.10	0.10	11.2
BJJ-308	12.3	92.0	26.9	308.1	0.055	2.9	1.00	17.16	3.35	11.56	62.08	0.02	19.9

续表10-1

编号	Cu	Pb	Zn	Mn	Ag	Sn	Mo	W	As	Sb	Hg	Tl	Au
	μg/g	μg/g	μg/g	μg/g	μg/g	μg/g	μg/g	μg/g	μg/g	μg/g	ng/g	μg/g	ng/g
BJJ-309	4.0	37.0	63.2	2082.0	0.060	3.4	0.54	16.52	22.25	2.80	53.96	0.31	17.3
BJJ-310	6.9	36.1	284.6	1843.3	0.051	3.0	1.00	13.86	27.33	3.80	24.74	0.10	50.2
BJJ-311	3.7	35.2	74.9	1380.7	0.041	3.1	0.35	17.48	57.70	4.03	38.25	0.52	13.7
BJJ-312	1.2	36.7	63.7	1528.0	0.044	4.0	0.28	21.44	22.89	5.24	19.98	0.46	5.6
BJJ-313	2.5	41.5	40.4	1666.2	0.057	3.7	0.62	95.19	5.91	1.62	10.31	0.23	11.6
BJJ-314	26.5	56.9	129.4	1713.6	0.044	2.1	3.97	20.07	377.90	42.67	37.72	0.76	170.8
BJJ-315	9.2	17.5	6.0	148.3	0.033	1.7	2.74	8.91	7.14	0.69	11.42	0.03	6.5
BJJ-316	14.5	35.0	33.9	1751.9	0.040	3.6	0.31	14.88	5.90	1.70	18.14	0.41	83.5
BJJ-317	1.8	31.6	72.3	1373.9	0.039	4.9	0.55	16.72	43.56	3.30	19.50	0.43	9.9
BJJ-318	3.5	34.3	65.3	999.9	0.039	4.8	0.62	22.87	9.31	1.68	46.85	0.42	8.0
BJJ-319	8.8	35.4	34.8	524.0	0.119	2.6	4.82	13.19	6.43	0.98	42.55	0.12	3983.1
BJJ-320	3.2	43.5	65.6	1099.8	0.037	3.6	4.55	23.75	63.48	2.94	27.50	0.51	35.4
BJJ-321	2.3	78.2	63.7	1050.7	0.047	2.7	0.86	13.64	56.53	2.00	67.35	0.36	14.2
BJJ-322	127.2	27.7	87.6	954.2	0.055	4.5	0.53	17.44	219.10	5.82	50.11	0.37	90.8
BJJ-323	4.1	30.3	89.4	790.1	0.038	3.2	0.56	15.97	21.33	2.41	41.61	0.58	6.1
4203-5	16.9	49.0	83.2	954.7	0.065	4.8	1.27	18.28	39.66	7.92	128.51	0.29	1.9
4203-6	12.3	40.5	101.3	690.9	0.043	3.1	1.81	19.90	33.35	4.74	83.26	0.93	30.7
4203-7	8.2	37.9	49.5	1158.5	0.064	2.7	0.31	8.83	18.88	2.20	154.39	0.36	91.0
4203-8	168.9	35.7	62.6	815.3	0.075	3.5	0.62	21.31	49.55	5.14	86.77	0.87	263.3
4203-9	42.9	33.7	31.7	647.9	0.062	2.9	5.00	23.93	36.89	6.39	137.23	0.20	360.1
4203-10	28.3	53.0	82.9	1135.0	0.064	3.4	1.23	30.53	508.10	21.45	58.90	0.70	1638.7
4203-11	50.7	28.2	69.0	1015.9	0.055	4.1	1.32	32.70	146.40	6.93	119.63	0.75	35.5
4203-12	43.0	48.3	70.2	667.6	0.054	6.8	3.82	32.70	68.93	1.68	21.59	0.66	10.9
4203-13	4.3	32.9	78.0	1509.1	0.061	3.1	0.45	18.14	18.49	1.17	20.78	0.54	2.5
4203-14	7.1	35.0	89.5	1665.5	0.055	7.4	0.59	26.83	25.74	2.09	16.76	0.53	3.3
4203-15	6.3	38.9	83.9	1700.2	0.056	4.1	0.58	15.50	5.35	0.92	16.40	0.45	7.3
4203-16	6.4	45.1	71.3	1445.1	0.051	5.5	0.48	27.69	2.51	1.62	10.32	0.35	3.9
4204-9	23.5	71.3	84.7	669.1	0.100	5.5	1.07	30.06	49.71	1.82	79.39	0.84	12.2
4204-10	15.9	27.3	33.1	569.4	0.038	1.4	1.26	34.20	23.11	1.13	26.75	0.14	4.2
4204-11	17.1	44.4	51.3	1320.6	0.054	1.8	7.36	14.60	103.16	4.47	109.38	0.23	103.2
4204-12	11.4	42.2	65.1	1343.2	0.055	2.9	1.77	15.82	21.05	2.75	33.06	0.54	511.1
4204-13	3.9	35.3	41.2	1347.9	0.044	3.1	0.17	11.25	23.88	1.23	34.54	0.27	9.0

续表10-1

编号	Cu	Pb	Zn	Mn	Ag	Sn	Mo	W	As	Sb	Hg	Tl	Au
	μg/g	μg/g	μg/g	μg/g	μg/g	μg/g	μg/g	μg/g	μg/g	μg/g	ng/g	μg/g	ng/g
4204-14	4.3	51.2	32.1	1911.3	0.079	1.8	0.27	7.92	15.01	1.53	25.66	0.16	4.7
4204-15	5.6	62.0	67.9	1792.0	0.091	2.1	0.26	11.22	35.57	2.17	141.35	0.28	51.1
4204-16	220.4	46.8	89.7	1841.6	0.106	3.3	0.57	14.91	108.70	23.10	95.20	0.64	16.4
4204-17	3844.0	31.1	154.1	1251.5	1.874	2.2	0.91	18.74	426.70	1161	16.66	1.03	326.8
4204-18	120.7	36.6	63.0	682.9	0.093	2.8	1.69	31.27	208.60	10.75	84.26	0.95	42.7
4204-19	10.1	44.1	70.7	1644.0	0.060	2.5	2.44	25.45	29.97	2.91	25.30	0.42	8.7
4204-20	4.5	36.4	77.7	1203.9	0.046	3.0	0.38	27.94	19.90	4.80	25.34	0.64	8.3

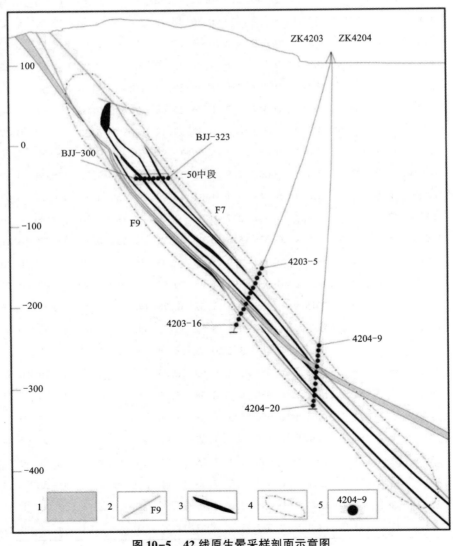

图 10-5 42 线原生晕采样剖面示意图

1—花岗闪长斑岩脉；2—断裂及编号；3—金矿体；4—蚀变岩带；5—采样点及编号

根据包金山地区（矿区及外围）地表井下 214 件原生晕地球化学样品分析数据，采用传统迭代法和分形法计算各元素异常下限，计算结果见表 10-2。综合分析矿区实际地质情况，各元素异常下限最终采用值见表 10-2。

表 10-2　包金山地区元素原生晕异常下限计算表

元素	Au	Ag	Cu	Pb	Zn	W	Sn	Mo	Mn	Sb	Hg	As	Tl
	ng/g	μg/g	μg/g	μg/g	μg/g	μg/g	μg/g	μg/g	μg/g	μg/g	ng/g	μg/g	μg/g
分形法	3	0.08	48	100	214	18	4	4.5	3020	1.95	85	407	—
迭代计算	5.2	0.09	40	85	165	40	6	2.25	677	4.35	84	113	1.9
异常下限	5.2	0.09	40	85	165	18	6	2.25	677	4.35	84	113	1.9

2）格里戈良分带指数计算。

a. 线金属量。

−50 中段、ZK4203、ZK4204 共 49 件样品各元素线金属量计算结果见表 10-3，需要说明的是，鉴于线金属量不能为负值，故针对出现负值的元素，统一（在该列）加上绝对值最大的负数的相反数。

表 10-3　线金属量计算结果表

元素 标高	线金属量												
	Cu	Pb	Zn	Mn	Ag	Sn	Mo	W	As	Sb	Hg	Tl	Au
−50 中段	5514.2	10934	29845	47827	10.76	498.8	389.39	776.9	24261	569.7	15953	332.63	8898.8
ZK4203	1008.2	699.13	2457.5	26700	0.881	57.083	52.383	393.64	3509.2	152.21	1808.7	15.044	11997
ZK4204	20628	1010.3	2233.7	38344	9.6182	77.568	55.726	436.89	3446.8	5939.3	1140.4	24.623	5188.6

b. 线金属量标准化及分带指数计算。

线金属量标准化即将各元素线金属量的最大值转换为同一数量级，具体做法是选取表格中线金属量的最大值，该值所在列元素以外的其他各列元素线金属量统一乘以 10 的整数倍，使各列元素最大值处于相同数量级，计算结果见表 10-4。元素的格里戈良分带指数为各元素标准化的线金属量与元素在不同高程区间标准化线金属量总和的比值，计算结果见表 10-5。根据元素分带指数最大值所在高程区间位置，元素轴向分带序列自浅而深刻初步划分为：（Pb、Zn、Ag、Sn、Mo、As、Hg、Tl）-（Mn、W、Au）-（Cu、Sb）。

表 10-4　线金属量标准化值计算结果表

标高	标准化线金属量													
	Cu	Pb	Zn	Mn	Ag	Sn	Mo	W	As	Sb	Hg	Tl	Au	Σ
−50 中段	5514.2	10934	29845	47827	10760	49880	38939	77690	24261	56970	15953	33263	8898.8	410735
ZK4203	1008.2	699.13	2457.5	26700	881.01	5708.3	5238.1	39364	3509.2	15221	1808.7	1504.4	11997	116097
ZK4204	20628	1010.3	2233.7	38344	9618.2	7756.8	5572.6	43689	3446.8	593934	1140.4	2462.3	5188.6	735025

表 10-5　元素格里戈良分带指数计算结果表

标高	格里戈良分带指数												
	Cu	Pb	Zn	Mn	Ag	Sn	Mo	W	As	Sb	Hg	Tl	Au
-50 中段	0.0134	0.0266	0.0727	0.1164	0.0262	0.1214	0.0948	0.1891	0.0591	0.1387	0.0388	0.081	0.0217
ZK4203	0.0087	0.006	0.0212	0.23	0.0076	0.0492	0.0451	0.3391	0.0302	0.1311	0.0156	0.013	0.1033
ZK4204	0.0281	0.0014	0.003	0.0522	0.0131	0.0106	0.0076	0.0594	0.0047	0.808	0.0016	0.0033	0.0071

c. 变化梯度与元素轴向分带结果。

元素轴向分带指数的变化梯度差 ΔG，用于对分带指数最大值位于相同标高区间元素进行排序，ΔG 越大者轴向分带位置越靠上。ΔG 计算结果见表 10-6，由此得到 13 种元素由浅而深的分带序列为：Ag-Sn-As-Mo-Pb-Zn-Hg-Tl-Mn-W-Au-Cu-Sb。

表 10-6　格里戈量分带指数变化梯度差

标高	格里戈良分带指数变化梯度差												
	Cu	Pb	Zn	Mn	Ag	Sn	Mo	W	As	Sb	Hg	Tl	Au
ΔG	5.3222	−23.79	−27.34	−2.434	−5.454	−13.98	−14.61	−3.912	−14.55	11.989	−27.53	−30.42	−9.869

（3）元素相关组合特征

对 42 勘探线原生晕数据进行相关性统计分析（表 10-7），从结果来看，Au 与 Mo 的相关系数为 0.36，呈稳定的相互共生关系；Au 与 Mn 的相关系数为 −0.20，呈稳定的负相关性；Au 与 Cu、Pb、Zn、Ag、Sn、W、As、Sb、Hg、Tl 的相关系数分别为 0.04、−0.02、−0.08、0.07、−0.11、−0.04、0.05、0.04、0.00、−0.07，表明这些元素与 Au 基本不相关或相关性很低。Sb 与 Ag、Cu、Zn、As 的相关系数分别为 1.00、1.00、0.30、0.20，密切相关和稳定共生。W 与 Sn 的相关系数为 0.26，呈稳定的正相关。Cu 与 Ag、Zn 相关系数为 1.00、0.30，密切相关。As 与 Cu、Pb、Zn、Ag、Sn 的相关系数分别为 0.19，0.23、0.16、0.18、0.49，稳定正相关。Hg 与 Pb 相关系数为 0.23，正相关。Tl 则与 Cu、Zn、Ag、Sn、W、As、Sb 有较高的正相关性。

表 10-7　42 线各元素相关系数统计结果表

元素	Cu	Pb	Zn	Mn	Ag	Sn	Mo	W	As	Sb	Hg	Tl	Au
Cu	1.00												
Pb	−0.11	1.00											
Zn	0.30	0.01	1.00										
Mn	−0.03	−0.01	0.17	1.00									
Ag	1.00	−0.09	0.28	−0.01	1.00								
Sn	−0.12	0.17	0.14	−0.10	−0.13	1.00							

续表10-7

元素	Cu	Pb	Zn	Mn	Ag	Sn	Mo	W	As	Sb	Hg	Tl	Au
Mo	-0.03	0.04	-0.08	-0.33	-0.03	-0.16	1.00						
W	-0.02	0.02	-0.04	-0.20	-0.03	0.26	0.04	1.00					
As	0.19	0.23	0.16	-0.18	0.18	0.49	0.01	0.11	1.00				
Sb	1.00	-0.09	0.30	-0.02	1.00	-0.13	-0.03	-0.02	0.20	1.00			
Hg	-0.12	0.23	-0.11	-0.15	-0.12	-0.07	0.16	-0.15	0.10	-0.14	1.00		
Tl	0.36	0.04	0.37	-0.15	0.33	0.30	-0.03	0.20	0.33	0.35	0.07	1.00	
Au	0.04	-0.02	-0.08	-0.20	0.07	-0.11	0.36	-0.04	0.05	0.04	0.00	-0.07	1.00

（4）指示元素的分类

从元素点群分析来看（图10-6），在相关系数为0.30的水平上，Cu、Sb、Ag、Zn属于同一类，表现为最晚一期含矿热液在矿区的活动；Au、Mo属于同一类，为主成矿期，与岩浆热液有关的成矿作用的体现；As、Sn、W为同一类，为最早期含矿热液成矿作用的反映。这与矿床三期五阶段成矿及原生晕非正常分带序列相吻合，佐证了矿床为一多期叠加矿床。

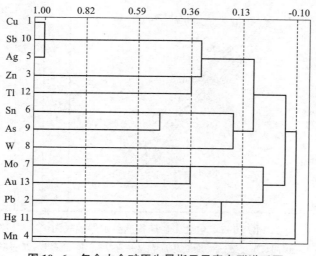

图 10-6　包金山金矿原生晕指示元素点群谱系图

（5）深部找矿预测

原生晕轴向分带序列（Ag-Sn-As-Mo-Pb-Zn-Hg-Tl-Mn-W-Au-Cu-Sb）总体体现出（前-尾-近）-（前-尾-近）-（前-尾-近）重复叠加的特征，与正常分带序列（Hg-Sb-As-Cu-Pb-Zn-Ag-Au-W-Sn-Mo-Bi）（前-近-尾）的模式截然不同，这正反映了矿床多期成矿作用互相叠加的特征。

综上所述，包金山金矿床原生晕叠加模型为：前期尾晕叠加于后期前缘晕和近矿晕之上，多期（至少三期）重复叠加。本节以该模型为基础，结合矿区实际地质情况进行深部找矿预测。

根据后期构造对包金山矿床的破坏情况，可将矿床分为两部分，F13 下盘(东部)和 F13 上盘(西部)，以 50 线为界(勘探线序号自东向西递增)，F13 为正断层，上盘下降，下盘上升，错距达上百米。42 线早期成矿前近尾晕已基本全部出现，主成矿期成矿近矿晕(Au、Cu)出现，但远未结束，尾晕还未出现，晚期仅出现前缘晕(Sb)，因此，预测自 ZK4204 矿体标高往深部仍有很大的延伸空间，根据工程标高间距，矿体倾向延伸 100～200 m 的空间内，应该仍有较好的 Au 矿脉群。同时，深部出现独立 Sb 矿体和 SbAu 矿体，表明晚期成矿流体携带丰富的 Sb 物质，预测深部有希望找到 Sb 矿体和 SbAu 矿体。50 线东部被抬升，西部下降，因此，西部深部有着更大找矿空间，根据现勘探成果，西部-20、-50 中段内毒砂增多，白钨矿呈细条带状产出，金矿品位提高，预示着西部主成矿期前缘晕仍未结束，其深部 W、Au、Sb 找矿潜力巨大，详见图 10-7。

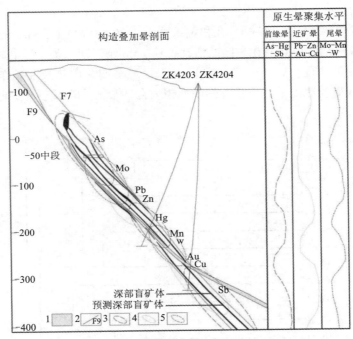

图 10-7　包金山矿床构造叠加晕模式图

1—花岗闪长斑岩脉；2—断裂及编号；3—前缘晕；4—近矿晕；5—尾晕

综上所述，包金山矿区东部 32—50 线深部找矿潜力良好，预测有较好的 Au、Sb、AuSb 矿脉群；西部 52—60 线深部找矿前景广阔，预测 W、Au、Sb 均有较好的矿脉群。

第11章

结 论

①包金山金矿体主要赋存于马底驿组第二岩性段钙质板岩、斑点状板岩中，产于矿区东部花岗斑岩脉的上、下盘，F7、F9断层破碎带及其上下盘蚀变带内，于构造结合部位富集。前人在本区(双峰县高洞剖面)创建了高洞群的地层单位，是一套灰色、灰黑色、灰绿色砂岩、钙质板岩、大理岩和凝灰质板岩。板溪群与高洞群在颜色、岩性和形成环境都存在差异，甚至是不同期的沉积产物。对比区域及矿区的含矿地层特征，认为矿区地层采用"高洞群"的名称更为合适，含矿层位(马底驿组第二段第二层)可能相当于高洞群黄狮洞组，F9下盘的浅变质砂质板岩、青灰色斑点状板岩，与黄狮洞组之下的石桥铺组可以对比。

②紫云山复式花岗岩体形成于印支晚期，是在碰撞晚期或碰撞后期由地壳变杂砂岩源区的重熔物质与在地幔形成的亚碱性拉斑玄武岩混合形成，属于Ⅰ型中的 H_{ss} 型花岗岩和 ACG 型花岗岩。通过岩石包体研究发现了岩浆混合的特征，具有火成结构的暗色微粒包体是酸性端元开始结晶时，来自地幔的基性端元侵入其中，两者在不断地发生物质混合的过程中形成的。矿区出现的花岗闪长斑岩脉为过铝质的Ⅰ型花岗岩，是壳幔物质不同程度混溶的产物，与紫云山岩体有很高的相似性，可能反映了岩浆活动的同源性。

③对矿床地质特征进行了详细的解剖研究，根据矿化特征及矿脉穿插关系，把成矿作用可以划分为3个成矿期，即变质热液期、岩浆热液期和热液叠加期，其中岩浆热液期为主成矿期，可细分为乳白色石英脉阶段(A)、烟灰色石英脉阶段(B)和碳酸盐-石英脉阶段(C)。金的成矿作用与钨矿化基本上是同步进行，在乳白色石英脉阶段和烟灰色石英脉阶段均可见白钨矿。

④开展了矿床地球化学研究，硫同位素特征表明包金山金矿区成矿物质主要来源于岩浆与地层的混合，梓门铅锌矿区成矿物质主要来源于矿区围岩(钙质板岩)；铅同位素组成图解及 $\Delta\beta$-$\Delta\gamma$ 成因分类图解均表明包金山矿区及梓门矿区成矿物质主要来源于上地壳，含有少量幔源物质。此外，还开展了成矿年代学、流体氢氧同位素等研究，结合流体包裹体研究为矿床的岩浆热液成因观点提供了佐证，主成矿时间应为印支晚期，与紫云山岩体相近。

⑤开展了矿物流体包裹体测温、成分和氢氧同位素研究。群体包裹体成分分析显示成矿流体气相成分主要为 H_2O ，其次为 CO_2 ，并含有少量 N_2 、 CH_4 、 H_2 、 CO ，液相成分主要为 Ca^{2+} ， Na^+ ， SO_4^{2-} ， Cl^- ，成矿溶液属于 CO_2-CH_4-Ca^{2+}(Na^+ 、 Mg^{2+})-SO_4^{2-}(Cl^- 、 F^-)-H_2O 体系。显微测温研究表明，乳白色石英脉阶段(A)包裹体捕获温度集中于 260~380℃ ，盐度为 3.12%~15.42% ；B阶段均一温度集中于 250~370℃ ，盐度为 2.31%~12.29% 。氢氧同位

素分析表明，主成矿阶段流体来源于原生岩浆水。矿区主成矿期成矿流体为一套中高温、低盐度的流体，推测为岩浆期后热液，来源于矿区酸性岩浆热液。盐度变化范围较大，反映了流体来源较广，可能混入了低盐度的外来流体。包裹体 H_2O 和 CO_2 联合体系图显示矿床的成矿压力范围为 70~113 MPa，估算最大深度为 4.2 km。矿床成因类型为变质热液叠加中温岩浆热液充填交代型矿床。

⑥矿区围岩蚀变对成矿有比较强的作用，发现硅化、绢云母化、黄铁矿化对石英脉矿体中 Au 的沉淀析出关系不大，只在石英脉体与围岩接触带处起着作用，但是在蚀变岩型矿体中，围岩蚀变则起着富集成矿元素的作用。蚀变叠加和蚀变强烈的部位，金的品位比较高。

⑦对矿区土壤地球化学数据进行了重新处理和分析，开展了分形统计获得各元素的异常下限值，并做了元素分布平面等值线图；开展多元统计分析，获得斜交因子结构矩阵，按照不同因子得分绘制了平面等值线图。综合分析认为矿区存在两个东西向的含金矿带，其中南带与现包金山和金坑冲矿床一致，北带具有明显的地球化学异常特征，值得进一步研究和验证。

⑧总结了区域和矿区的成矿条件、成矿规律和找矿标志，开展区域找矿潜力评价和包金山矿区深边部找矿预测，圈定了矿区外围找矿 3 个靶区及深部找矿的方向。其中矿区 Ⅰ 号靶区位于包金山—金坑冲现采区深部及外围；矿区外围 Ⅱ 号靶区位于包金山矿区西延部分胡家仑，Ⅲ 号靶区为于金坑冲矿区东延部分秋旺冲。矿区通过原生叠加晕的分析，开展了深部找矿预测，认为矿区东部 32—50 线深部及西部 52—60 线深部有较好的找矿前景。

参考文献

ABDEL-RAHMAN A F M. 1994. Nature of biotites from alkaline, calc-alkaline, and peraluminous magmas[J]. Journal of Petrology, 35(2): 525-541.

ANTHONY H. 1987. Igneous petrology [M]. New York: John Wiley & Sons, Inc. , 236-375.

BARBARIN B. 1996. Genesis of the two main types of peraluminous granitoids[J]. Geology, 24(4): 295.

BARBARIN B. 1999. A review of the relationships between granitoid types, their origins and their geodynamic environments[J]. Lithos, 46(3): 605-626.

BARBARIN B. 2005. Mafic magmatic enclaves and mafic rocks associated with some granitoids of the central Sierra Nevada batholith, California: nature, origin, and relations with the hosts[J]. Lithos, 80(1): 155-177.

BARRIÈRE M, COTTEN J. 1979. Biotites and associated minerals as markers of magmatic fractionation and deuteric equilibration in granites[J]. Contributions to Mineralogy and Petrology, 70(2): 183-192.

BAXTER S, FEELY M. 2002. Magma mixing and mingling textures in granitoids: examples from the Galway Granite, Connemara, Ireland[J]. Mineralogy and Petrology, 76(1/2): 63-74.

BRASCHI E, FRANCALANCI L, VOUGIOUKALAKIS G E. 2012. Inverse differentiation pathway by multiple mafic magma refilling in the last magmatic activity of Nisyros Volcano, Greece[J]. Bulletin of volcanology, 74(5): 1083-1100.

BROWN P E, LAMB W M. 1989. P-V-T properties of fluids in the system $H_2O \pm CO_2 \pm NaCl$: New graphical presentations and implications for fluid inclusion studies[J]. Geochimica et Cosmochimica Acta, 53(6): 1209-1221.

BROWN P E. 1989. FLINCOR: a microcomputer program for the reduction and investigation of fluid inclusion data [J]. American Mineralogist, 74(11/12): 1390-1393.

CASTRO A, MORENO-VENTAS I, DE LA ROSA J D. 1991. H-type (hybrid) granitoids: a proposed revision of the granite-type classification and nomenclature[J]. Earth-science reviews, 31(3): 237-253.

CHARVET J, SHU L, SHI Y, GUO L, FAURE M. 1996. The building of south China: collision of Yangzi and Cathaysia blocks, problems and tentative answers[J]. Journal of Southeast Asian Earth Sciences, 13(3-5): 223-235.

CHEN G, GRAPES R. 2003. An in-situ melting model of granite formation: geological evidence from southeast China[J]. International Geology Review, 45(7): 611-622.

CHEN G, PENG S, DAI T. 2000. Evolution-motion of crustobodies and geotectonic metallogeny[J]. Acta Geologica Sinica, 74(3): 433-438.

CLAYTON R N, MAYEDA T K. 1963. The use of bromine pentafluoride in the extraction of oxygen from oxides and silicates for isotopic analysis[J]. Geochimica et Cosmochimica Acta, 27(1): 43-52.

CRAW D. 1992. Fluid evolution, fluid immiscibility and gold deposition during Cretaceous–recent tectonics and uplift of the Otago and Alpine schist, New Zealand[J]. Chemical Geology, 98(3/4): 221–236.

DIDIER J. 1973. Granites and their enclaves: the bearing of enclaves on the origin of granites[M]. Amsterdam: Elsevier.

PATIÑO DOUCE A E. 1999. What do experiments tell us about the relative contributions of crust and mantle to the origin of granitic magmas? [J]. Geological Society, London, Special Publications, 168(1): 55–75.

ELBURG M A. 1996. Evidence of isotopic equilibration between microgranitoid enclaves and host granodiorite, Warburton Granodiorite, Lachlan Fold Belt, Australia[J]. Lithos, 38(1/2): 1–22.

FAURE M, LIN W, SCHÄRER U, SHU L, SUN Y, ARNAUD N. 2003. Continental subduction and exhumation of UHP rocks. Structural and geochronological insights from the Dabieshan (East China)[J]. Lithos, 70(3/4): 213–241.

FEELEY T C, WILSON L F, UNDERWOOD S J. 2008. Distribution and compositions of magmatic inclusions in the Mount Helen dome, Lassen Volcanic Center, California: insights into magma chamber processes[J]. Lithos, 106(1): 173–189.

FOSTER M D. 1960. Interpretation of the composition of trioctahedral micas[EB/OL].

FROST B R, BARNES C G, COLLINS W J, ARCULUS R J, ELLIS D J, FROST C D. 2001. A geochemical classification for granitic rocks[J]. Journal of Petrology, 42(11): 2033–2048.

GARCÍA-MORENO O, CASTRO A, CORRETGÉ L G, et al. 2006. Dissolution of tonalitic enclaves in ascending hydrous granitic magmas: an experimental study[J]. Lithos, 89(3): 245–258.

POKROVSKI G S, TAGIROV B R, SCHOTT J, BAZARKINA E F, HAZEMANN J L, PROUX O. 2009. An in situ X–ray absorption spectroscopy study of gold–chloride complexing in hydrothermal fluids [J]. Chemical Geology, 259(1/2): 17–29.

GRANT J A. 1986. The isocon diagram: a simple solution to Gresens equation for metasomatic alteration[J]. Economic Geology, 81(8): 1976–1982.

GRANT JA. 2005. Isocon analysis: A brief review of the method and applications [J]. Physics and Chemistry of the Earth, 30(17/18): 997–1004.

GUHA J, LU HUAN-ZHANG, DUBE B, ROBERT F, GAGNON M. 1991. Fluid characteristics of vein and altered wall rock in Archean mesothermal gold deposits[J]. Economic Geology, 86(3): 667–684.

GUO S, YE K, CHEN Y, LIUJ B. 2009. A normalization solution to mass transfer illustration of multiple progressively altered samples using the isocon diagram [J]. Economic Geology, 104(6): 881–886.

HACKER B R, RATSCHBACHER L, WEBB L, IRELAND T, WALKER D, SHUWEN D. 1998. U/Pb zircon ages constrain the architecture of the ultrahigh–pressure Qinling–Dabie Orogen, China[J]. Earth and Planetary Science Letters, 161(1/2/3/4): 215–230.

HARRIS N B W, PEARCE J A, TINDLE A G. 1986. Geochemical characteristics of collision-zone magmatism[J]. Geological Society, London, Special Publications, 19(1): 67–81.

HIBBARD M J. 1991. Textural anatomy of twelve magma–mixed granitoidsystems[M]. Amsterdam Elsevier, , 431–444.

HUANG Min, LAI Jianqing, MO Qingyun. 2014. Fluid inclusions and mineralization of the Kendekeke polymetallic deposit in Qinghai province, China[J]. Acta Geologica Sinica (English Edition), 88(2): 570–583.

HUMPHRISS E. 1984. The mobility of the rare earth elements in the crust[J]. Rare Earth Element Geochemistry, 2: 317–342.

IRVING A J, FREY F A. 1984. Trace element abundances in megacrysts and their host basalts: constraints on partition coefficients and megacryst genesis[J]. Geochimica et Cosmochimica Acta, 48(6): 1201–1221.

KAYGUSUZ A, AYDINÇAKIR E. 2009. Mineralogy, whole-rock and Sr-Nd isotope geochemistry of mafic microgranular enclaves in Cretaceous Dagbasi granitoids, Eastern Pontides, NE Turkey: evidence of magma mixing, mingling and chemical equilibration[J]. Chemie der Erde-Geochemistry, 69(3): 247-277.

KIM J S, SON M, HWANG B H, ET AL. 2014. Double injection events of mafic magma into supersolidusYucheon granites to produce two types of mafic enclaves in the Cretaceous Gyeongsang Basin, SE Korea[J]. Mineralogy and Petrology, 108(2): 207-229.

KINZLER R J. 1997. Melting of mantle peridotite at pressures approaching the spinel to garnet transition: Application to mid-ocean ridge basalt petrogenesis[J]. Journal of Geophysical Research: Solid Earth (1978-2012), 102 (B1): 853-74.

KOCAK K, ZEDEF V, KANSUN G. 2011. Magma mixing/mingling in the Eocene Horoz (Nigde) granitoids, Central southern Turkey: evidence from mafic microgranular enclaves[J]. Mineralogy and Petrology, 103(1/2/3/4): 149-167.

KOCAK K. 2006. Hybridization of mafic microgranular enclaves: mineral and whole-rock chemistry evidence from the Karamadazı Granitoid, Central Turkey[J]. International Journal of Earth Sciences, 95(4): 587-607.

MANIAR P D, PICCOLI PM. 1989. Tectonic discrimination of granitoids[J]. Geological Society of America Bulletin, 101(5): 635-643.

MIDDLEMOST E A K. 1994. Naming materials in the magma/igneous rock system[J]. Earth-Science Reviews, 37 (3/4): 215-224.

NARDI L V S, DE LIMA E F. 2000. Hybridisation of mafic microgranular enclaves in the Lavras Granite Complex, southern Brazil[J]. Journal of South American Earth Sciences, 13(1/2): 67-78.

NEIVA A M R. 1981. Geochemistry of hybrid granitoid rocks and of their biotites from central northern Portugal and their petrogenesis[J]. Lithos, 14(2): 149-163.

NELSON S T, MONTANAA. 1992. Sieve-textured plagioclase in volcanic rocks produced by rapid decompression [J]. American Mineralogist, 77(11/12): 1242-1249.

OHMOTO H. 1972. Systematics of sulfur and carbon in hydrothermal ore deposits. Economic. Geology, 67(5): 551-578.

PEARCE J A, HARRIS N B W, TINDLE A G. 1984. Trace element discrimination diagrams for the tectonic interpretation of granitic rocks[J]. Journal of Petrology, 25(4): 956-983.

PERUGINI D, POLI G, CHRISTOFIDES G, ELEFTHERIADIS G. 2003. Magma mixing in the Sithonia Plutonic Complex, Greece: evidence from mafic microgranular enclaves[J]. Mineralogy and Petrology, 78(3/4): 173-200.

PIETRANIK A, KOEPKE J. 2014. Plagioclase transfer from a host granodiorite to maficmicrogranular enclaves: diverse records of magma mixing[J]. Mineralogy and Petrology, 108(5): 681-694.

POLAT A, HOFMANN A W. 2003. Alteration and geochemical patterns in the 3.7 ~ 3.8 Ga Isua greenstone belt, West Greenland [J]. Precambrian Research, 126(3/4): 197-218.

ROEDDER E, BODNAR R J. 1980. Geologic pressure determinations from fluid inclusion studies [J]. Annual Review of Earth and Planetary Sciences, 8(1): 263-301.

SHEPPARD S MF. 1986. Characterization and isotopic variations in natural water[J]. Reviews in Minoralogy, 16: 165-184.

SILVA M, NEIVA A M R, WHITEHOUSE M J. 2000. Geochemistry of enclaves and host granites from the Nelas area, central Portugal[J]. Lithos, 50(1/2/3): 153-170.

STACEY J S, HEDLUND D C. 1983. Lead isotopic compositions of diverse igneous rocks and ore deposits from southwestern New Mexico and their implications for early Proterozoic crustal evolution in the western United

States[J]. Geological Society of America Bulletin, 94(1): 43-57.

STEELE-MACINNIS M, BOANAR R J, NADENJ. 2011. Numerical model to determine the composition of $H_2O-NaCl-CaCl_2$ fluid inclusions based on microthermometric and microanalytical data [J]. Geochimica et Cosmochimica Acta, 75(1): 21-40.

STONE D. 2000. Temperature and pressure variations in suites of Archean felsic plutonic rocks, Berens River area, northwest Superior Province, Ontario, Canada[J]. The Canadian Mineralogist, 38(2): 455-470.

SUN S S, MCDONOUGH W F. 1989. Chemical and isotopic systematics of oceanic basalts: implications for mantle composition and processes[J]. Geological Society, London, Special Publications, 42(1): 313-345.

孙晓明, 韦慧晓, 翟伟, 石贵勇, 梁业恒, 莫儒伟, 韩墨香, 张相国. 2010. 藏南邦布大型造山型金矿成矿流体地球化学和成矿机制[J]. 岩石学报, 2010, 26(6): 1672-1684.

SYLVESTER P J. 1998. Post-collisional strongly peraluminous granites[J]. Lithos, 45(1/2/3/4): 29-44.

TRÖGER W E, BAMBAUER H U, TABORSZKY F, TROCHIM H D. 1971. Optische Bestimmung der gesteinsbildenden Minerale[M]. Schweizerbart.

VERNON R H, ETHERIDGE M A, WALL V J. 1988. Shape and microstructure of microgranitoid enclaves: indicators of magma mingling and flow[J]. Lithos, 22(1): 1-11.

VERNON R H. 1984. Microgranitoid enclaves in granites—globules of hybrid magma quenched in a plutonic environment[J]. Nature, 309(5967): 438-439.

VERNON R H. 1983. Restite, xenoliths and microgranitoid enclaves in granites[M]. Royal Society of New South Wales: 77-103.

WALL V J, CLEMENS J D, CLARKE D B. 1987. Models for granitoid evolution and source compositions[J]. The Journal of Geology, 95(6): 731-749.

WANG Yuejun, ZHANG Yanhua, FAN Weiming, et al. 2005. Structural signatures and 40Ar/39Ar geochronology of the Indosinian Xuefengshan tectonic belt, South China Block[J]. Journal of Structural Geology, 27(6): 985-998.

WANG Yuejun, ZHANG Yanhua, FAN Weiming, PENG Touping. Structural signatures and 40Ar/39Ar geochronology of the Indosinian Xuefengshan tectonic belt, South China Block [J]. Journal of Structural Geology, 2005, 27(6): 985-998.

WHALEN J B, CURRIE K L, CHAPPELL B W. 1987. A-type granites: geochemical characteristics, discrimination and petrogenesis[J]. Contributions to Mineralogy and Petrology, 95(4): 407-419.

WIEBE R A. 1996. Mafic-silicic layered intrusions: the role of basaltic injections on magmatic processes and the evolution of silicic magma chambers[J]. Geological Society of America Special Papers, 315: 233-242.

WILKINSON J J. 2001. Fluid inclusions in hydrothermal ore deposits [J]. Lithos, 55(1/2/3/4): 229-272.

WILSON M. 1989. Igneous petrogenesis: a globle tectonic approach[M]. London: Unwin Hyman: 65-287.

WONES D R, EUGSTER H P. 1965. Stability of biotite-experiment theory and application [J]. American Mineralogist, 50(9): 1228-1272.

WYLLIE P J, COX K G, BIGGAR G M. 1962. The habit of apatite in synthetic systems and igneous rocks[J]. Journal of Petrology, 3(2): 238-243.

XIAO Y, SUN W, HOEFS J, ZHANG Z, LIS, HOFMANN A W. 2006. Making continental crust through slab melting: constraints from niobium-tantalum fractionation in UHP metamorphic.

XU G, POLLARD P J. 1999. Origin of CO2-rich fluid inclusions in synorogenic veins from the Eastern Mount Isa Fold Belt, NW Queensland, and their implications for mineralization[J]. Mineralium Deposita, 34: 395-444.

ZARTMAN R E, DOE B R. 1981. Plumbo tectonics-the model[J]. Tectonophysics, 75: 135-162.

ZORPI M J, COULON C, ORSINI J B, COCIRTA C. 1989. Magma mingling, zoning and emplacement in calc-alkaline granitoid plutons[J]. Tectonophysics, 157(4): 315-329.

陈国能. 1998. 关于花岗岩岩石包体的成因及岩基的定位问题——与杜杨松教授讨论[J]. 高校地质学报, 4(3): 107-110.

陈卫锋, 陈培荣, 黄宏业, 丁兴, 孙涛. 2007. 湖南白马山岩体花岗岩及其包体的年代学和地球化学研究[J]. 中国科学(D辑: 地球科学), 37(7): 873-893.

陈衍景, 李晶, Pirajno F, 林治家, 王海华. 2004. 东秦岭上宫金矿流体成矿作用: 矿床地质和包裹体研究[J]. 矿物岩石, 24(3): 1-12.

邓碧平, 刘显凡, 张民, 赵甫峰, 徐窑窑, 田晓敏, 李慧, 胡琳. 2014. 云南老王寨金矿床深部地质过程中的流体包裹体与稀有气体同位素示踪[J]. 成都理工大学学报(自然科学版), 41(2): 203-216.

付建明, 马昌前, 谢才富, 张业明, 彭松柏. 2004. 湖南九嶷山复式花岗岩体SHRIMP锆石定年及其地质意义[J]. 大地构造与成矿学, 28(4): 370-378.

付强, 葛文胜, 温长顺, 蔡克勤, 李世富, 张志伟, 李小飞. 2011. 广西米场花岗岩及其暗色微粒包体的地球化学特征和成因分析[J]. 地球学报, 32(3): 293-303.

高斌, 马东升, 刘连文. 1999. 围岩蚀变过程中地球化学组分质量迁移计算[J]. 地质学报, 73(3): 272-277.

高斌, 马东升. 1999. 围岩蚀变过程中地球化学组分质量迁移计算: 以湖南沃溪Au-Sb-W矿床为例[J]. 地质找矿论丛, 14(2): 23-29.

顾晟彦, 华仁民, 戚华文. 2006. 广西姑婆山花岗岩单颗粒锆石LA-ICP-MS U-Pb定年及全岩Sr-Nd同位素研究[J]. 地质学报, 80(4): 543-553.

顾雪祥, SCHULZ O, VAVTAR F, 刘建明, 郑明华. 2003. 湖南沃溪钨-锑-金矿床的矿石组构学特征及其成因意义[J]. 矿床地质, 22(2): 107-120.

郭顺, 叶凯, 陈意, 刘景波, 张灵敏. 2013. 开放地质体系中物质迁移质量平衡计算方法介绍[J]. 岩石学报, 29(5): 1486-1498.

韩吟文, 马振东, 张宏飞, 张本仁, 李方林, 高山, 鲍征宇. 2003. 地球化学[M]. 北京: 地质出版社.

侯林, 邓军, 丁俊, 汪雄武, 彭慧娟. 2012. 四川丹巴燕子沟造山型金矿床成矿流体特征研究[J]. 地质学报, 86(12): 1957-1971.

湖南省有色地质勘查局二总队. 2013. 湖南省双峰县包金山金矿地质简介[R]. 1-28(内部资料).

黄诚, 张德会, 和成忠, 王新彦, 喻晓, 殷海燕. 2014. 热液金矿床围岩蚀变特征及其与金矿化的关系[J]. 物探与化探, 38(2): 278-283.

姜耀辉, 陈鹤年, 巫全淮, 陈世忠. 1994. 福建周宁芹溪官司银铅锌矿化地质特征、成因及进一步找矿方向[J]. 地质与勘探, 30(4): 21-25.

解庆林, 马东升, 刘英俊. 1997. 蚀变岩中物质迁移的定量计算[J]. 地质论评, 43(1): 106-112.

鞠培姣, 赖健清, 莫青云, 陶诗龙. 湖南省包金山金矿流体包裹体特征[J]. 矿物学报, 35(S1): 586.

赖绍聪, 秦江锋, 李永飞. 2005. 青藏北羌塘新第三纪玄武岩单斜辉石地球化学[J]. 西北大学学报(自然科学版), 35(5): 121-126.

雷源保, 赖健清, 王雄军, 苏生顺, 王守良, 陶诗龙. 2014. 虎头崖多金属矿床成矿物质来源及演化[J]. 中国有色金属学报, 24(8): 2117-2128.

黎彤. 1994. 中国陆壳及其沉积层和上陆壳的化学元素丰度[J]. 地球化学, 23(2): 140-145.

李葆华, 顾雪祥, 付绍洪. 2010. 贵州水银洞金矿床成矿流体不混溶的包裹体证据[J]. 地学前缘, 17(2): 286-294.

李秉伦, 石岗. 1986. 矿物中包裹体气体成分的物理化学参数图解[J]. 地球化学, 15(2): 126-137.

李昌年, 薛重生, 廖群安, 赵良政. 1997. 江西横峰县港边岩浆混合杂岩体岩石学研究及其成因探讨[J]. 地球科学, 22(3): 39-45.

李昌年. 1992. 火成岩微量元素岩石学[M]. 武汉：中国地质大学出版社.

李晶, 陈衍景, 李强之, 赖勇, 杨荣生, 毛世东. 2007. 甘肃阳山金矿流体包裹体地球化学和矿床成因类型[J]. 岩石学报, 23(9)：2144-2154.

李龙, 郑永飞, 周建波. 2001. 中国大陆地壳铅同位素演化的动力学模型[J]. 岩石学报, 17(1)：61-68.

李永胜, 赵财胜, 吕志成, 严光生, 甄世民. 2011. 西藏甲玛铜多金属矿床流体包裹体特征及地质意义[J]. 吉林大学学报(地球科学版), 41(1)：122-136.

梁新权, 李献华, 丘元禧, 杨东生. 2005. 华南印支期碰撞造山——十万大山盆地构造和沉积学证据[J]. 大地构造与成矿学, 29(1)：99-112.

刘继顺, 吴自成, 董新, 刘文恒. 哀牢山带大皮甲岩体的地质地球化学特征及形成构造环境[J]. 中国有色金属学报, 22(3)：660-668.

刘凯, 毛建仁, 赵希林, 叶海敏, 胡青. 2014. 湖南紫云山岩体的地质地球化学特征及其成因意义[J]. 地质学报, 88(2)：208-227.

刘勇, 李廷栋, 肖庆辉, 耿树方, 王涛, 陈必河. 2010. 湘南宁远地区碱性玄武岩形成时代的新证据：锆石LA-ICP-MS U-Pb 定年[J]. 地质通报, 29(6)：833-841.

刘志鹏, 李建威. 2012. 西秦岭金厂石英闪长岩的岩浆混合成因：岩相学和锆石 U-Pb 年代学证据及其构造意义[J]. 地质学报, 86(7)：1077-1090.

卢焕章, 范宏瑞, 倪培, 欧光习. 2004. 流体包裹体[M]. 北京：地质出版社, 1-344.

卢焕章. 2011. 流体不混溶性和流体包裹体[J]. 岩石学报, 27(5)：1253-1261.

路远发. 2004. GeoKit：一个用 VBA 构建的地球化学工具软件包[J]. 地球化学, 33(5)：459-464.

罗小平, 薛春纪, 李建全, 王伟, 李天虎, 彭桥梁, 田海. 2011. 新疆西天山查汗萨拉金矿床流体包裹体特征及稳定同位素研究[J]. 地质学报, 85(4)：505-515.

莫青云, 赖健清, 鞠培姣, 徐质彬, 张利军, 石坚, 王照宇, 潘欣. 2015. 湖南双峰包金山金矿矿床成因初步研究[J]. 南方金属, 2015(5)：22-26.

彭建堂. 1999. 湖南雪峰地区金成矿演化机理探讨[J]. 大地构造与成矿学, 23(2)：144-151.

彭小军, 廖秋明, 吴跃升, 魏道芳, 刘学通. 2008. 雪峰金矿田矿床地质特征及成矿模式[J]. 国土资源导刊, 5(4)：35-39.

彭卓伦, Rodney Grapes, 庄文明, 张献河. 2011a. 华南花岗岩暗色微粒包体矿物组成及微结构研究[J]. 地学前缘, 18(1)：63-73.

彭卓伦, Rodney Grapes, 庄文明, 张献河. 2011b. 华南花岗岩暗色微粒包体的岩石化学组成特征及其意义[J]. 地学前缘, 18(1)：74-81.

彭卓伦, GRAPES R, 庄文明, 张献河. 2011c. 华南花岗岩暗色微粒包体成因研究[J]. 地学前缘, 18(1)：82-88.

戚学祥. 1998. 湖南双峰紫云山隆起区金矿成矿机制探讨[J]. 黄金地质, 4(1)：50-56.

邱家骧, 曾广策. 1987. 中国东部新生代玄武岩中低压单斜辉石的矿物化学及岩石学意义[J]. 岩石学报, 3(4)：1-9.

曲晓明, 王鹤年, 饶冰. 1997. 郭家岭花岗闪长岩岩体中闪长质包体的成因研究[J]. 矿物学报, 17(3)：302-309.

沈能平, 彭建堂, 袁顺达. 2008. 湖北徐家山锑矿床铅同位素组成与成矿物质来源探讨[J]. 矿物学报, 28(2)：169-176.

石坚, 裴科, 付海斌. 2013. 湖南省双峰县包金山-金坑冲矿区金矿深边部普查设计书[R]. 湖南省有色地质勘查局二总队.

孙晓明, 韦慧晓, 翟伟, 石贵勇, 梁业恒, 莫儒伟, 韩墨香, 张相国. 2010. 藏南邦布大型造山型金矿成矿流体地球化学和成矿机制[J]. 岩石学报, 26(6)：1672-1684.

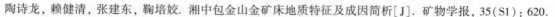

陶诗龙，赖健清，张建东，鞠培姣. 湘中包金山金矿床地质特征及成因简析[J]. 矿物学报，35（S1）：620.

王德滋，谢磊. 2008. 岩浆混合作用：来自岩石包体的证据[J]. 高校地质学报. 14（1）：16-21.

王力，潘忠翠，孙丽伟. 2014. 山东莱州新城金矿床流体包裹体[J]. 吉林大学学报（地球科学版），44（4）：1166-1176.

王睿. 2009. 从江翁浪地区蚀变岩型金矿微量元素地球化学特征[J]. 地球学报，30（1）：95-102.

王晓霞，王涛，Ilmari Happala，卢欣祥. 2005. 秦岭环斑结构花岗岩中暗色包体的岩浆混合成因及岩石学意义——元素和Nd、Sr同位素地球化学证据[J]. 岩石学报，21（3）：935-946.

王玉往，王京彬，龙灵利，邹滔，唐萍芝，王莉娟. 2012. 岩浆混合作用的类型、标志、机制、模式及其与成矿的关系——以新疆北部为例[J]. 岩石学报，28（8）：2317-2330.

肖晔，丰成友，李大新，刘建楠. 2014. 青海省果洛龙洼金矿区年代学研究与流体包裹体特征[J]. 地质学报，88（5）：895-902.

谢银财，陆建军，马东升，章荣清，高剑峰，姚远. 2013. 湘南宝山铅锌多金属矿区花岗闪长斑岩及其暗色包体成因：锆石U-Pb年代学、岩石地球化学和Sr-Nd-Hf同位素制约[J]. 岩石学报，29（12）：4186-4214.

杨敏之. 1998. 金矿床围岩蚀变带地球化学[M]. 北京：地质出版社.

杨燮. 1992. 湖南沃溪金-锑-钨矿床成矿物质来源及成矿元素的共生机制[J]. 成都地质学院学报，19（2）：20-28.

曾认宇，赖建清，毛先成. 2013. 金川铜镍硫化物矿床岩浆通道系统的成矿模式[J]. 矿产与地质，27（4）：276-282.

曾认宇，赖健清，毛先成，陶斤金. 2013. 金川铜镍矿床中断裂系统的形成演化及对矿体的控制[J]. 中国有色金属学报，23（9）：2574-2583.

张可清，杨勇. 2002. 蚀变岩质量平衡计算方法介绍[J]. 地质科技情报，21（3）：104-107.

张利军，邵拥军，赖健清，石坚，徐质彬. 2015. 湘中包金山—金坑冲金矿床构造控岩控矿分析[J]. 矿产勘查，6（3）：245-253.

张婷，彭建堂. 2014. 湘西合仁坪钠长石-石英脉型金矿床围岩蚀变及质量平衡[J]. 地球科学与环境学报，36（4）：32-44.

张婷. 2014. 湘西合仁坪钠长石—石英脉型金矿床围岩蚀变及其与成矿关系研究[D]. 长沙：中南大学.

张岳桥，徐先兵，贾东，舒良树. 2009. 华南早中生代从印支期碰撞构造体系向燕山期俯冲构造体系转换的形变记录[J]. 地学前缘，16（1）：234-247.

章邦桐，凌洪飞，吴俊奇. 2013. 花岗岩体高温热年代学研究的新思路、方法及计算实例[J]. 高校地质学报，19（3）：385-402.

赵寒冬，韩振哲，赵海滨，牛延宏，马丽玲. 2005. 内蒙古东北部激流河花岗岩中包体的特征及成因[J]. 地质通报，24（9）：841-847.

郑硌，顾雪祥，章永梅，刘瑞萍，耿会青，王艳忠，赵红海，李亚军. 2015. 黑龙江省高松山浅成低温热液金矿床围岩蚀变元素迁移特征、定量计算与形成机制[J]. 地球化学，44（1）：87-101.

郑学正，叶大年. 1978. 一种过冷却结晶效应——不平衡状态下的假高压效应[J]. 中国科学，8（4）：442-451.

郑永飞，陈江峰. 2000. 稳定同位素地球化学[M]. 第一版. 北京：科学出版社，218-234.

钟世华，申萍，潘鸿迪，郑国平，鄢瑜宏，李晶. 2015. 新疆西准噶尔苏云河钼矿床成矿流体和成矿年代[J]. 岩石学报，31（2）：449-464.

周兴良，毛卫红，胡世明. 2008. 湖南双峰金矿带成矿地质特征及控矿因素[J]. 广西质量监督导报，（7）：190-191.

周作侠. 1986. 湖北丰山洞岩体成因探讨[J]. 岩石学报，2（1）：59-70.

朱炳泉,李献华,戴橦谟. 1998. 地质科学中同位素体系理论与应用——兼论中国大陆壳幔演化[M]. 北京:
　　科学出版社, 216-226.

朱江,吕新彪,彭三国,龚银杰,曹晓峰. 2013. 甘肃花牛山金矿床成矿年代、流体包裹体及稳定同位素研究
　　[J]. 大地构造与成矿学, 37(4): 641-652.

图书在版编目（CIP）数据

湘中紫云山岩体包金山金矿带成矿规律与找矿预测研
究 / 徐军伟等著. —长沙：中南大学出版社，2021.7
ISBN 978-7-5487-4414-6

Ⅰ．①湘… Ⅱ．①徐… Ⅲ．①金矿带－成矿规律－研
究－新宁县②金矿床－成矿预测－研究－新宁县 Ⅳ．
①P618.51

中国版本图书馆 CIP 数据核字（2021）第 071752 号

湘中紫云山岩体包金山金矿带成矿规律与找矿预测研究
XIANGZHONG ZIYUNSHAN YANTI BAOJINSHAN JINKUANGDAI
CHENGKUANG GUILÜ YU ZHAOKUANG YUCE YANJIU

徐军伟　赖健清　石　坚　徐质彬　张利军　著

□责任编辑	刘锦伟	
□责任印制	唐　曦	
□出版发行	中南大学出版社	
	社址：长沙市麓山南路	邮编：410083
	发行科电话：0731-88876770	传真：0731-88710482
□印　　装	长沙印通印刷有限公司	

□开　　本	787 mm×1092 mm　1/16	□印张 11.5	□字数 290 千字
□版　　次	2021 年 7 月第 1 版	□2021 年 7 月第 1 次印刷	
□书　　号	ISBN 978-7-5487-4414-6		
□定　　价	58.00 元		

图书出现印装问题，请与经销商调换